图解 机械结构设计

要点分析 及 应用实例

孙开元　李改灵　主编

化学工业出版社

·北京·

本书结合机械设计的知识和方法，分析了机械结构的设计要点。图解的机械结构主要包括螺纹连接、键连接、销连接、带传动、链传动、螺旋传动、减速器、变速器、轴、联轴器、离合器、制动器、滑动轴承、滚动轴承、弹簧等常用零部件结构。本书内容全面，讲解透彻，实例紧密联系机械设计工程实际，具有较强的专业性和实用性。全书采用"图解"的写作风格，讲解简单明了、重点突出，使读者能够轻松地掌握机械结构的设计要点。

本书可供广大机械设计人员和相关设计人员学习、查阅和参考，还可作为高校相关专业师生机械设计课程参考用书。

图书在版编目（CIP）数据

图解机械结构设计要点分析及应用实例/孙开元，李改灵主编. —北京：化学工业出版社，2016.4（2023.1 重印）
ISBN 978-7-122-26441-1

Ⅰ.①图… Ⅱ.①孙… ②李… Ⅲ.①机械设计-结构设计-图解 Ⅳ.①TH122-64

中国版本图书馆 CIP 数据核字（2016）第 044453 号

责任编辑：张兴辉 　　　　　　　　　　　文字编辑：陈　喆
责任校对：宋　夏 　　　　　　　　　　　装帧设计：王晓宇

出版发行：化学工业出版社（北京市东城区青年湖南街 13 号　邮政编码 100011）
印　　装：天津盛通数码科技有限公司
787mm×1092mm　1/16　印张 13　字数 296 千字　2023 年 1 月北京第 1 版第 8 次印刷

购书咨询：010-64518888 　　　　　　　售后服务：010-64518899
网　　址：http://www.cip.com.cn
凡购买本书，如有缺损质量问题，本社销售中心负责调换。

定　　价：59.00 元 　　　　　　　　　　　　　　　　版权所有　违者必究

前　言

　　机械结构设计是机械设计的重要组成部分。对于机械设计人员而言，不仅要掌握常用机构的设计理论和设计方法，还应深入了解其零部件的结构设计要点。为此，我们将多年来从事机械设计教学和研究所积累的经验总结归纳，并通过查阅大量专业资料反复验证提炼，把机械设计的基本知识和理论与常见机械机构和结构等内容梳理整合，以常见的通用零部件为单元，结合机械设计的知识和方法，分析了机械结构的设计要点。图解的机械结构主要包括螺纹连接、键连接、销连接、带传动、链传动、螺旋传动、减速器、变速器、轴、联轴器、离合器、制动器、滑动轴承、滚动轴承、弹簧等常用零部件结构。本书的主要特点如下：

　　① 本书内容全面但不冗杂，强调突出重点和要点，做到精选内容、叙述简明，便于查阅和参考。

　　② 全书采用"图解"的写作风格，在讲解过程中采用了大量的图、表等形式，对于不容易描述清楚的地方采用正误和优劣对比的方法，使读者对讲解知识能够一目了然。

　　③ 本书不求面面俱到，而是更注重实际需要。书中的实例紧密联系机械设计工程实际，具有较强的专业性和实用性。

　　④ 本书对机械结构的设计进行了较深入的分析，让读者在进行相关机械设计的时候知其然还知其所以然，知道着重考虑什么问题、注意什么问题，从而能快速掌握各种设计方法和技巧。

　　本书由孙开元、李改灵主编，郝振洁、张丽杰、孙爱丽、李立华、刘洁任副主编。参与本书编写工作的还有：邵汉强、袁一、丁伟东、齐继东、匡小平、张文斌、张晴峰、孙葳、刘宝平、孙佳璐、魏柯、廖苓平、韩继富、董宏国、张宝玉、李书江、康来、王洪春、吴继东、陈永祥、李涛、刘志刚。主审是李长娜、于战果。

　　由于水平和经验有限，难免存在不足之处，恳请广大读者批评指正，编者在此深表感谢。

编　者

目 录
Contents

第 10 章 轴系结构设计

第 11 章 联轴器、离合器、制动器结构设计

第 12 章 滑动轴承结构设计

参考文献

第 **1** 章

机械结构设计概述

任何机械设备、机电产品、器械或装置都有其预定的运动规律和功能。要完成预期的运动和动作，就需要用相应的机构来实现。因此，机构是构成机械运动装置的重要部分，机构的设计是机械设计所必需的技术基础和技能，而在机械设计中最重要的是结构设计，每一个构件的结构形状及其相互之间的位置关系都影响整个机构甚至整部机器的功能和工作性能，总之，结构是把设计、制造和使用三者联系起来的纽带，是设计、制造、使用的具体对象，是使用性能的物资承担者。

1.1 机械结构设计的内涵

1.1.1 机械结构设计的基本内容

机械结构设计是将抽象的工作原理变成技术图样的过程，是按照要求设计出尽可能多的可能性方案，从中优选或归纳出经济合理的方案的过程。

机械结构设计是在总体设计的基础上，根据所确定的原理方案，确定并绘出具体的结构图，以体现所要求的功能，是将抽象的工作原理具体化为某类构件或零部件，具体内容为在确定结构件的材料、形状、尺寸、公差、热处理方式和表面状况的同时，还须考虑其加工工艺、强度、刚度、精度以及与其他零件相互之间关系等问题。所以结构设计的直接产物虽是技术图纸，但结构设计工作不是简单的机械制图，图纸只是表达设计方案的语言和综合技术的具体化，是结构设计的基本内容。

机械结构设计的内容主要包括功能设计、质量设计、优化设计和创新设计三个方面：

（1）功能设计

功能设计是指满足主要机械功能要求在技术上的具体化，如工作原理的实现、工作的可靠性、工艺、材料和装配等方面；满足输入或输出的能量、材料或信号的具体要求，如机床的精度、信号的信噪比、破碎块料的大小和形状、负荷的大小及其变化情况等；满足机械系统本身的具体要求，如机械本身的尺寸和重量的限制、寿命和可靠性要求等。

（2）质量设计

质量设计兼顾各种要求和限制，提高产品的质量和性价比；它是现代工程设计的特征，具体为操作、美观、成本、安全、环保等众多其他要求和限制。在现代设计中，质量设计相当重要，往往决定产品的竞争力。那种只满足主要技术功能要求的机械设计时代已经过去，统筹兼顾各种要求，提高产品的质量，是现代机械设计的关键所在。与考虑工作原理相比，兼顾各种要求似乎只是设计细节上的问题，然而细节的总和是质量。产品质量问题不仅是工艺和材料的问题，提高质量应始于设计。

（3）优化设计和创新设计

结构优化设计的前提是要能构造出大量的可供优选的可能性方案，即构造出大的优化求解空间，这也是结构设计最具创造性的地方。优化设计和创新设计是用结构设计变元等方法系统地构造优化设计空间，用创造性设计思维方法和其他科学方法进行优选和创新。对产品质量的提高永无止境，市场的竞争日趋激烈，需求向个性化方向发展。因此，优化设计和创新设计在现代机械设计中的作用越来越重要，它们将是未来技术产品开发的竞争焦点。

1.1.2　机械结构设计的特点

机械结构设计的主要特点是：

① 机械结构设计是集思考、绘图、计算（有时进行必要的实验）于一体的设计过程，是机械设计中涉及问题最多、最具体、工作量最大的工作阶段，在整个机械设计的过程中，平均 70%～80% 的时间用于结构设计，其对机械设计的成败起着举足轻重的作用。

② 机械结构设计问题有着多解性，即满足同一设计要求的机械结构并不是唯一的。

③ 机械结构设计阶段是一个很活跃的设计环节，常常需反复交叉进行。因此，在进行机械结构设计时，必须从机器整体出发，了解对机械结构的基本要求。

1.2　机械结构设计的基本过程

1.2.1　结构设计与机械设计的关系

机械设计的过程可以分为以下五个阶段：

① 调查决策阶段。根据市场需求、用户委托或主管部门下达的任务，进行可行性研究和专家听证会确定设计任务，制定设计任务书。

② 研究设计阶段。该阶段提出机械的工作原理，进行必要的分析比较，确定最佳的总体方案。

③ 技术设计阶段。该阶段主要进行设计计算和结构设计，完成全部设计图样和技术文件（包括设计说明书、使用说明书等）。

④ 试制阶段。通过试制和试验，必要时先制造样机，经过一次或多次改进，才能得到性能稳定、能够投放市场的产品样机。

⑤ 生产销售阶段。正式进行批量生产，投入市场，并在生产和使用中继续不断改进和提高产品的质量。

以上各个阶段的工作是互相密切联系、互相影响的。结构设计在机械设计中是一个十分重要的组成部分，主要体现在以下五个方面：

① 产品设计是否成功在于它的使用性能能否满足使用者的要求，而产品的性能是通过产品的结构体现出来的，或者说是产品的结构所具有的。产品的结构是其性能的物质基础。没有正确的结构设计就不可能得到符合性能要求的产品。

② 机械产品生产面对的是产品的结构，加工机械产品就是要生产出具有合格结构（如形状、尺寸、精度、表面粗糙度、材料、硬度等）的产品。

③ 机械设计的结果表现为其结构（如图样），计算、实验和分析都是为了提高结构设计的质量而言的，都可以看做是提高结构设计质量的手段。

④ 在机械设计中，结构设计实际上贯穿整个过程，所花费的时间常需占据最大的部分，在许多情况下，它能直接决定设计的成败。

⑤ 虽然结构设计是在总体方案确定以后进行的，但是确定总体方案时往往不得不考虑结构设计的一些重要问题。

因此，可以说结构设计是机械设计的核心和主体部分。

1.2.2 结构设计的基本步骤

结构设计是机械设计的第三个阶段，结构设计工程师应该对前面各阶段考虑的主要问题和设计意图有较全面的了解。这样才能充分发挥结构设计工程师的智慧和创造性，把结构设计工作作为在前面创造性工作的基础上进一步创造的过程。此外，还应该注意各部分结构之间的相互配合，以取得总体结构的最佳效果，必要时可能要修改甚至推翻前两个阶段的结论。

结构设计整体要遵循从内到外、从重要到次要、从局部到整体、从粗略到精细、统筹兼顾、权衡利弊、反复检查、逐步改进的基本原则，其基本步骤如下：

① 明确待设计构件的主要任务和限制；

② 粗略估算构件的主要尺寸；

③ 寻找成品，如标准件、常用件、通用件等，找不到则：

a. 画工作面草图；

b. 在工作面之间填材料；

c. 改变工作面的大小、方位、数量及构件材料、表面特性、连接方式，系统地产生新方案；

d. 按技术、经济和社会指标评价，选择最佳方案；

e. 寻找所选方案中的缺陷和薄弱环节；

f. 对照各种要求、限制，反复改进；

g. 强度、刚度及各种功能指标核算；

h. 机械制图；

i. 制备技术文件。

1.3 机械结构设计的基本原则

在确定和选择结构方案时，应遵循三个基本原则：

（1）明确

明确指对产品设计中所应考虑的问题都应在结构方案中获得明确的体现和分配，主要体现在以下三个方面：

① 功能明确。所选择结构要达到预期的功能，每个分功能有确定的结构来承担，各部分结构之间有合理的联系，要避免冗余结构，尽量减少静不定结构。

② 原理明确。所选结构的物理作用明确，从而可靠地实现能量流（力流）、物料流和信息流的转换或传导。

③ 工作状态明确。

（2）简单

结构设计简单是指整机、部件和零件的结构，在满足总功能的前提下，尽量力求结构形状简单、零部件数量少等。

（3）安全可靠

安全可靠是指在规定的载荷下，在规定的使用条件和时间内，构件不发生过度变形、过度磨损，不丧失稳定或不发生破坏；机器在规定的条件下不丧失功能，不产生对人及环境的危害。机器安全主要包括以下四个方面的内容：

① 零件安全　主要指在规定的载荷和规定时间内，零件不发生断裂、过度变形、过度磨损，不丧失稳定性。

② 整机安全　指整个技术系统保证在规定条件下实现总功能。

③ 工作安全　对操作人员的防护，保证人身安全和身心健康。

④ 环境安全　对技术系统的周围环境和人不造成危害和污染，同时也要保证机器对环境的适应性，如挖掘机对沼泽地工作的适应。

为了保证安全可靠性，需要采取相关的技术措施：

① 直接安全技术法　是指在结构设计中充分满足安全可靠要求，保证在使用中不出现危险，如采用安全销、安全阀和易损件等。

② 间接安全技术法　通过防护系统和保护装置来实现技术系统的安全可靠，其类型是多种多样的，如液压回路中的安全阀、电路系统中的保险丝等，都能使设备在出现危险或超载荷时，自行脱离危险状态。

③ 提示性安全技术法　既不能直接保证安全可靠性，又没有保护或防护措施，仅能在事故出现以前发出报警和信号，提醒相关人员注意。

1.4　机械结构设计的基本要求

机械产品应用于各行各业，结构设计的内容和要求也是千差万别，进行机械结构设计必须清楚地了解结构设计的全部要求和条件。下面就机械结构设计的五个方面来说明结构设计的要求。

1.4.1　功能要求

功能要求是指满足主要机械功能要求在技术上的具体化，如工作原理的实现、工作的可靠性、工艺、材料和装配等方面；满足输入或输出的能量、材料或信号的具体要求，如机床的精度、信号的信噪比、破碎块料的大小和形状、负荷的大小及其变化情况等；满足机械系统本身的具体要求，如机械本身的尺寸和重量的限制、寿命和可靠性要求等。

机械结构设计要满足功能要求，必须做到以下几点：

（1）明确功能

结构设计是根据其在机器中的功能和与其他零部件相互连接关系，确定参数尺寸和结构形状。零部件主要的功能有承受载荷，传递运动和动力，以及保证或保持有关零件或部件之间的相对位置或运动轨迹等。设计的结构应满足从机器整体考虑它的功能要求。

（2）功能合理的分配

产品设计时，根据具体情况，通常有必要将任务进行合理地分配，即将一个功能分解为多个分功能。每个分功能都要有确定的结构承担，各部分结构之间应具有合理、协调的联系，以达到总功能的实现。多结构零件承担同一功能可以减轻零件负担，延长使用寿命。V形带截面的结构是任务合理分配的一个例子：纤维绳用来承受拉力；橡胶填充层承受带弯曲时的拉伸和压缩；包布层与带轮轮槽作用，产生传动所需的摩擦力。例如，若靠螺栓预紧产生的摩擦力来承受横向载荷，会使螺栓的尺寸过大；可增加抗剪元件，如销、套筒或键等，以分担横向载荷来解决这一问题。

（3）功能集中

为了简化机械产品的结构，降低加工成本，便于安装，在某些情况下，在由一个零件或部件承担多个功能。功能集中会使零件的形状更加复杂，但要有度，否则反而影响加工工艺、增加加工成本，设计时应根据具体情况而定。

1.4.2　结构工艺性要求

机械零部件结构设计的主要目的是：保证功能的实现，使产品达到要求的性能。结构设计的结果对产品零部件的生产成本及质量有着不可低估的影响。因此，在结构设计中应力求使产品有良好的加工工艺性。所谓好的加工工艺指的是零部件的结构易于加工制造。任何一种加工方法都有可能不能制造某些结构的零部件，或生产成本很高，或质量受到影响。因此，对设计者来说认识一种加工方法的特点非常重要，以便在设计结构时尽可能地扬长避短。实际中，零部件结构工艺性受到诸多因素的制约，如生产批量的大小会影响坯件的生成方法，生成设备的条件可能会限制工件的尺寸；此外，造型、精度、热处理、成本等方面都有可能对零部件结构的工艺性有制约作用。因此结构设计中应充分考虑上述因素对工艺性的影响。

（1）提高强度和刚度的结构要求

为了使机械零件能够正常工作，在设计时必须保证它有足够的强度和刚度。保证强度和刚度的措施可以归纳为减小载荷和提高承载能力两个方面。对于重要的零件应进行强度和刚度计算，正确选择材料和热处理，必要时进行载荷和零件承载能力测定和试验；对于要求较高的工艺（如焊接、粘接），还要进行工艺试验，合理选择安全系数，规定变形要求等。通过计算和试验可以更准确可靠地确定最佳结构设计方案。

在考虑强度和刚度设计机械结构时，应注意以下几个方面的问题：

① 减小机械零件受力

a. 避免机构中的不平衡力。在设计机构方案时，应考虑各有关零件受力的相互平衡。如图 1-1 所示圆锥离合器；图（a）所示结构不能平衡轴向推力；图（b）所示结构的轴向推力化为离合器内力，轴不受推力；图（c）所示结构的轴向压力相互平衡。改进方案受力合理，但结构复杂，适合传递较大的转矩。

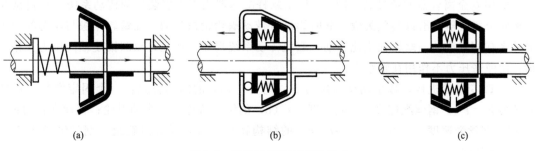

| (a) | (b) | (c) |

图 1-1　避免机构中的不平衡力

b. 可以不传力的中间零件应尽量避免受力。如齿轮经过轴将转矩传给卷筒，则轴受力较大，如图1-2（a）所示；改用螺栓直接连接，轴不受转矩，则结构较合理，如图1-2（b）所示。

c. 避免只考虑单一的传力途径。对大功率传动，利用分流可以减小体积，如普通轮系改为行星轮系，带多个行星轮传动，可以减小体积，如图1-3所示。

d. 避免零件受弯曲应力（一）。图1-4（a）为环形链斗式提升机的链条，链环除受拉力以外还受弯曲应力，很容易损坏；图1-4（b）改进为封闭式链环，提高了链环的强度。

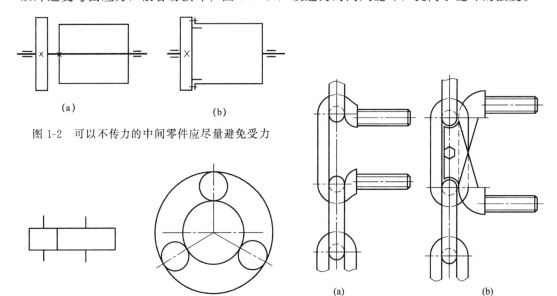

图1-2 可以不传力的中间零件应尽量避免受力

图1-3 避免只考虑单一的传力途径

图1-4 避免零件受弯曲应力（一）

e. 避免零件受弯曲应力（二）。图1-5（a）所示气缸左端活塞杆受推力 F，而支点 A 偏离力作用线距离为 L，由此产生弯矩 FL，使阀杆弯曲；改为图1-5（b）结构使强度提高，避免失效。

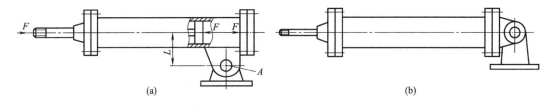

(a)   (b)

图1-5 避免零件受弯曲应力（二）

f. 用安全离合器避免过载。图1-6所示蜗杆减速器用于曳引装置的传动系统。在过载时摩擦安全离合器打滑以避免失效。此时蜗杆可带动蜗轮轮缘转动，而蜗轮轮缘与轮芯的圆锥形外缘有相对滑动，蜗轮轴不能转动，避免传动系统损坏。在此，双圆锥使轴向压力互相平衡，使弹簧压力不作用在轴承上。

g. 改变滑轮机构，减小钢丝绳拉力 F。图1-7（a）的结构特点：一个固定滑轮；钢丝绳拉力 $F = F_w$；钢丝绳速度 $v = v_w$。图1-7（b）的结构特点：一个动滑轮；钢丝绳拉力 $F = F_w/2$；钢丝绳速度 $v = 2v_w$。图1-7（c）的结构特点：双联复式滑轮组；钢丝绳拉力 $F = F_w/4$；钢丝绳速度 $v = 2v_w$。

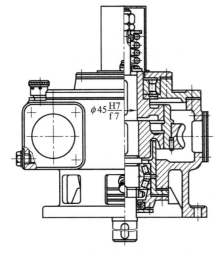

图1-6 用安全离合器避免过载

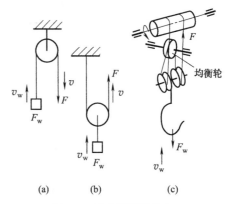

图1-7 减小钢丝绳拉力 F

② 减小机械零件的应力

a. 避免细杆受弯曲应力。如图 1-8 (a) 所示,细杆受弯曲应力时,承载能力很小,变形很大,可以改变杆的截面尺寸 [图 1-8 (b)] 和形状以提高其抗弯能力,更有效的是采用桁架式支架 [图 1-8 (c)],把悬臂安装改为简支 [图 1-8 (d)] 或采用拱形支架 [图 1-8 (e)]。

b. 避免影响强度的局部结构相距太近。图 1-9 所示圆管外壁上有螺纹退刀槽,内壁有镗孔退刀槽,如两者距离太近,对管道强度影响较大,宜分散安排。

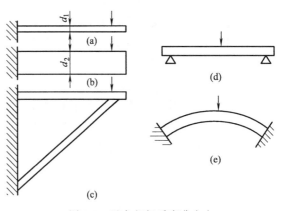

图1-8 避免细杆受弯曲应力

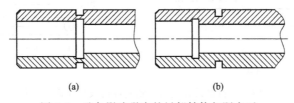

图1-9 避免影响强度的局部结构相距太近

c. 避免悬臂结构或减小悬臂长度 (图 1-10)。悬臂安装传动件的轴弯曲变形较大,靠近锥齿轮的轴承受力也大,应尽可能减小悬臂伸出的长度或采用非悬臂的结构。

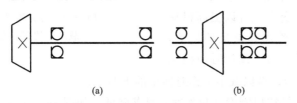

图1-10 避免悬臂结构或减小悬臂长度

③ 提高变应力下的强度

a. 受变应力零件表面应避免有残余拉应力。表面的残余拉应力使零件的疲劳强度降低。宜采用表面淬火、喷丸等强化方法使零件表面产生残余压应力，以提高其疲劳强度。

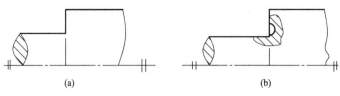

(a)　　　　　　　(b)

图 1-11　受变应力零件应避免或减小应力集中

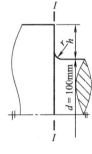

图 1-12　提高轴的疲劳强度

b. 受变应力零件应避免或减小应力集中（图 1-11）。尖锐缺口、尺寸突变、凹槽、螺纹等结构因素，对变应力条件下工作的零件强度有很大影响，应尽量避免，或改善其形状以减小应力集中。

c. 提高轴的疲劳强度有时减小应力集中比采用较高强度的材料更有效。如图 1-12 所示的轴，材料为 45 钢，圆角 $r=2mm$，强度不够，计算得安全系数为 0.91；改用 40Cr 材料，虽然材料强度高，但应力集中系数也大，疲劳强度反而降低（安全系数为 0.88）；加大圆角，则可满足强度要求。

④ 提高受振动、冲击载荷零件的强度　如图 1-13 所示板式给料机中，矿石垂直落下时冲击力会损坏下面承接它的链板。链板运送矿石向右移动时，由于出口高度（550mm）不够，物料挤压、卡滞，使机器传动件损坏。图 1-13（b）改善了这两方面的不足。

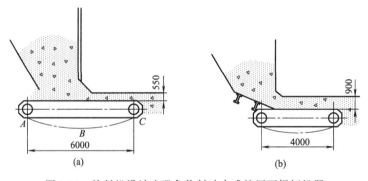

(a)　　　　　　　(b)

图 1-13　给料机设计应避免物料冲击或挤压而损坏机器

⑤ 减小变形

a. 避免预变形与工作负载产生的变形方向相同（图 1-14）。采用与工作负载产生的变形方向相反的预变形，可以提高机械零件的承载能力。如桥式起重机的横梁，由于工作载荷使横梁下凹，设计时使横梁预先有一定的上凸变形，可以减小工作时横梁的下凹量。

图 1-14　避免预变形与工作负载产生的变形方向相同

b. 有缺口的空心轴抗扭刚度（和强度）显著降低。如图 1-15（a）所示，空心轴外径为 196mm，若令其抗扭惯性矩为 1，则图（b）所示有缺口空心轴的外径与图（a）所示空心轴相同，其抗扭惯性矩为 0.013。

⑥ 正确选择材料　对于强度较低的材料不应采用强度较弱的形状。如图 1-16 所示为轧机压下螺杆头部结构，为提高其耐磨性，两零件采用钢-铜合金组合；由形状来看，下面的零件 2 强度较好，因此采用 1—钢、2—铜合金较好；若 1—铜合金、2—钢则较差。

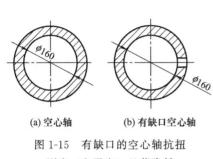

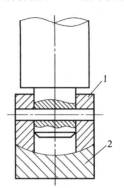

图 1-15　有缺口的空心轴抗扭
刚度（和强度）显著降低

图 1-16　注意强度较低的材料
不应采用强度较弱的形状

（2）提高耐磨性的结构要求

很多情况下，磨损是缩短机械寿命使机械零件报废的主要原因。磨损还会导致其他失效或工作能力降低，如齿轮的齿磨损变薄，产生弯曲折断；内燃机气缸磨损使其输出功率降低；机床零件磨损降低精度等。

在考虑提高耐磨性设计机械结构时，需要注意以下几个方面的问题：

① 选用耐磨性高的材料组合

a. 避免相同材料配成滑动摩擦副。当相互摩擦表面由同一材料制成时，其抗磨性很差，容易磨损。常采用的配对材料如钢-青铜，钢-白合金等。

b. 避免为提高零件表面耐磨性能而提高对整个零件的要求（图 1-17）。为提高零件的耐磨性，常采用铜合金、白合金等耐磨性好的材料，但它们都属于非铁材料，价格昂贵。因此，对较大的零件，只在接近工作面的部分局部采用非铁材料，如蜗轮轮缘用铜合金，轮芯用铸铁或钢；滑动轴承座用铸铁或钢制造，用铜合金做轴瓦等。

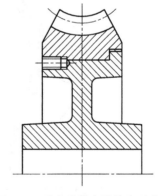

图 1-17　避免为提高零件表面耐磨
性能而提高对整个零件的零件

② 避免研磨颗粒或有害物质进入摩擦表面之间

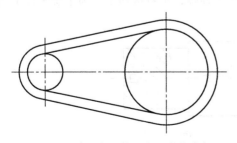

图 1-18　采用防尘装置防止磨粒磨损

a. 采用防尘装置防止磨粒磨损（图 1-18）。对于在多尘条件下工作的机械应注意防尘和密封，以免异物进入摩擦面，产生磨粒磨损，如链条加防尘罩；导轨为防止切屑进入摩擦面产生严重磨损，也应加防护罩。

b. 对易磨损部分应予以保护。有些气体或液体中混有粉末、颗粒或块状的固体，对零件表面有很强的研磨作用。零件表面与这些介质接触的部分应具有较强的耐磨性，如采用耐磨材料或采用表面堆焊等措施；也可以把某些易磨损部分作成易磨损件，经常更换。

③ 加大摩擦面尺寸　在设计时，为了提高螺纹的耐磨性，不宜采用螺距很小的螺纹。螺距为 0.25mm 和 0.5mm 的螺纹尺寸很小，耐磨性不足。为了提高螺纹的磨损寿命，对于要求使用螺距很小的螺纹时，可以采用差动螺纹，如用螺距为 1.5mm 和 1.25mm 的螺纹差动，可以得到相当于 0.25mm 的螺距螺纹的运动效果。

④ 设置容易更换的易损件　相互摩擦的两个零件，往往一个较大、较贵，另一个较小，成本较低，如主轴或曲轴与轴瓦。为避免大零件局部磨损而导致整个零件报废，设计中，应使大而复杂的零件工作表面有较高的耐磨性，而较小的零件磨损后更换（图 1-19），如主轴轴颈用淬火钢，轴瓦用铜合金。对于易磨损件，如轴瓦、制动瓦块（或瓦块表面的耐磨材料）、摩擦片等，应具有更换容易、价格较低、性能可靠的特性。

⑤ 减小磨损的不利影响

a. 对易磨损件可以采用自动补偿磨损的结构。零件磨损后，尺寸发生变化，如不能及时改变其位置，则不能实现原来的功能。

b. 注意零件磨损后的调整。有些零件在磨损后丧失原有的功能，采用适当的调整方法，可部分或全部恢复原有的功能。如图 1-20 所示整体式圆柱轴承磨损后调整困难，图中的剖分式轴承可以在上盖和轴承座之间预加垫片；磨损后间隙变大，减少垫片厚度可调整间隙，使之减小到适当的大小。

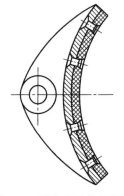

图 1-19　避免大零件局部磨
损而导致整个零件报废

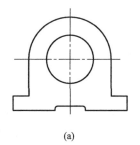

(a)

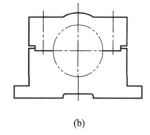

(b)

图 1-20　注意零件磨损后的调整

c. 零件磨损后，采用适当的工艺方法修复（图 1-21）。轴磨损后修复的方法有两种：一种方法是原设计轴颈适当加大，磨损后在磨床上重磨轴颈，按减少的轴颈配制相应内径的滑动轴承；另一种方法是用喷涂、刷镀等方法加大磨损的轴颈，再机械加工。为了实现以上两种方法，要保留原来加工轴颈的顶尖孔。

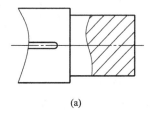

(a)

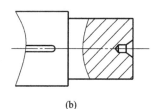

(b)

图 1-21　零件磨损后采用适当的工艺方法修复

（3）提高精度的结构要求

组成机械产品各零件的精度对于产品的质量有直接的重大影响。提高精度的结构设计的目的是：

① 找出影响机械工作精度的关键零部件和对精度影响不大的零部件，对它们提出不同的精度要求；

② 合理配置各零件的精度；

③ 考虑在工作中产生磨损使精度降低后，如何保持或恢复原有精度。

考虑提高精度，在设计机械结构时，需要注意以下几个方面的问题：

① 注意各零部件误差的合理配置

a. 避免加工误差与工作变形的互相叠加。如起重机大车梁工作时因负载而下凹，制造时要求有一定上凸，避免二者叠加形成过大的变形。

b. 避免只从提高零部件加工精度的角度来达到精度要求。对于大型零件的精度设计，如果只从加工要求着手，可能会不经济，而且又不易达到要求，如图 1-22（b）、（c）表示出在立座下部装有带传动装置的底座平台，传动装置的尺寸为 800mm，为保证工作要求，组装后的底座平台接触表面的平面度要求为 0.05mm。图 1-22（b）所示是将底座平台用螺纹连接直接锁紧在 3 个立座上，组装后的传动装置接触表面的平面度要求，要依靠立座的支承面和底座平台的加工精度来保证，3 个立座及底座平台分别精加工，但加工尺寸的准确度很难保证完全一致，因而增加了加工的难度。图 1-22（c）所示是将底座平台用螺纹调整装置锁紧在 3 个立座上，在锁紧前，可以用螺纹微动调整的方法使底座平台的 3 点有所升降，以达到接触表面的平面度限制要求。锁紧连接还采用了球面垫圈，以减少螺纹零件的偏载，更减少了对平面度的影响，因而降低了相关零件的加工要求，容易保证质量。

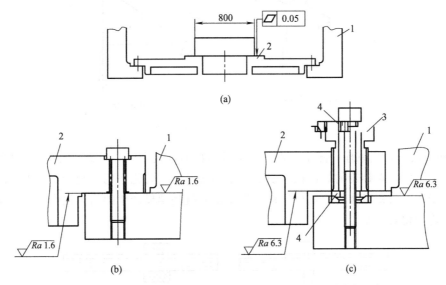

图 1-22 避免只从提高零部件加工精度的角度来达到精度要求

1—立座；2—底座平台；3—螺纹微动调整装置；4—球面垫圈

② 找到产生误差的原因，减小或消除原理误差

a. 避免基础变形影响其上安装零件的位置精度。如图 1-23（a）所示为一真空室，其中有一水平板 3，靠螺旋 2 旋转推动它上下移动，移动时由四个圆导轨 1 导向。在真空室未抽

气时，水平板上下移动灵活；但是在真空室中的空气被抽掉以后，其上面的板 5 凹陷变形，使安装在其上的圆导轨偏斜，使水平板上下移动时受到很大的摩擦阻力。如图 1-23（b）所示增加金属板 4，使圆导轨不受板 5 变形的影响，水平板移动灵活。

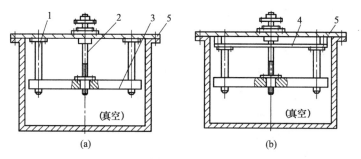

图 1-23 避免基础变形影响其上安装零件的位置精度
1—圆导轨；2—螺旋；3—水平板；4—金属板；5—板

b. 当推杆和导程之间间隙太大时，宜采用正弦机构，不宜采用正切机构（图 1-24）。正弦机构摆件转角 θ_1 与推杆升程 H_1 升程之间的关系式为 $\sin\theta_1 = \dfrac{H_1}{L_1}$。正切机构摆件转角 θ_2 与推杆升程 H_2 之间的关系式为 $\tan\theta_2 = \dfrac{H_2}{L_2}$。推杆与导路之间的间隙使推杆晃动，导致尺寸 L_2 改变，因此对正切机构引起误差，而对正弦机构精度影响很小。

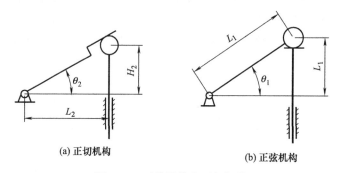

(a) 正切机构   (b) 正弦机构

图 1-24 正弦机构和正切机构

③ 利用误差均化原理 测量用螺旋的螺母扣数不宜太少（图 1-25），因为螺母各扣与螺旋接触情况不同，对螺旋的螺距误差引起的运动误差有均匀化作用。测量螺杆得到的螺杆累积误差大于螺杆与螺母装配后螺杆运动的累积误差就是螺母产生的均匀化作用。当螺母扣数过少时，均匀化效果差。

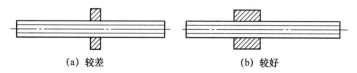

(a) 较差   (b) 较好

图 1-25 测量用螺旋的螺母扣数

④ 避免变形、受力不均匀引起的误差

a. 对于精度要求高的导轨，不宜用少量滚珠支持。由于导轨运动速度是滚动速度的两倍，工作台运动到左右不同位置时，滚珠受力不同，工作台向不同方向倾斜，产生误差，如

图 1-26 所示。精度要求高的导轨宜采用滚子支承（滚柱刚度显著大于滚珠，而摩擦阻力也较大）。

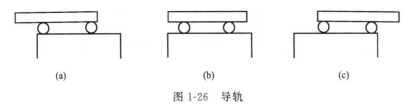

(a)   (b)   (c)

图 1-26 导轨

b. 避免紧定螺钉影响滚动导轨的精度（图 1-27）。为避免扭紧紧定螺钉时引起导轨变形，使导轨工作表面精度降低，把固定部分与导轨支承面部分作成柔性较好的连接，使紧定螺钉产生的变形不影响导轨面的精度。

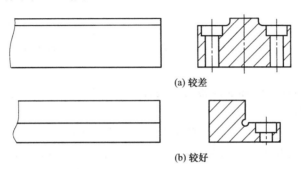

(a) 较差
(b) 较好

图 1-27 避免紧定螺钉影响滚动导轨的精度

1.4.3　人机学要求

人机学是把操作机器的人、机器设备或仪器仪表和操作环境作为一个系统，运用机械学、生理学和其他有关的科学技术知识，使系统中以上几种要素互相协调，目的是保证机器使用者的身心健康，使操作方便、省力、准确、持久，提高工作效率。影响操作者的环境因素很多，如温度、振动、噪声、湿度、有害气体、尘埃、光照度、风力等。人的心理条件有：人体测量尺寸，人体力学，人对各种信息反映的敏感程度、对环境条件的耐受能力、对形状和色彩的感受等要求。

人机工程要求机械设计重视安全问题，设计过程必须分析和识别产品有可能造成的各种危险，包括显示器的误认误读危险、程控器的误操作危险、动力危险、机械危险、热危险、压力危险、有毒物质扩散危险、爆炸危险、系统和元件失效所带来的危险等。

在考虑人机学设计机械结构时，要注意以下几个方面的问题：

（1）操作者工作场所的合理设计

① 合理选定操作姿势　设计者必须正确地决定机器或仪器的操作位置和操作姿势，作为设计的一项基本内容。常见的操作姿势为立或坐：立式容易发力，活动范围较大；但对要求精密观察、读数的工作和活动范围较小的手工操作，则以选用坐式为好。

② 合理设计座椅的尺寸和形状　设计坐椅的尺寸、形状时，既要考虑舒适性，以免操作者迅速疲劳和出现职业病；又要考虑操作方便，以提高工作效率。根据工作性质的不同、操作者身高的差异，可以有多种不同的尺寸和形状，如图 1-28 所示。

③ 合理设计座椅的材料和弹性　对于工作环境温度高、湿度大的场合，不宜采用吸热、

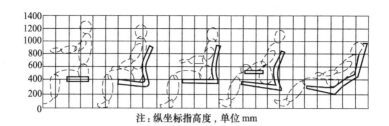

注：纵坐标指高度，单位mm

图 1-28　合理设计坐椅的尺寸和形状

保湿性能强、透气性差的材料作为座椅面料。对于工作环境温度低的场合，不宜采用传热性好的材料作为座椅面料。对振动较大的车辆，则应避免座椅弹簧产生共振，要有好的吸振和阻尼性能。

④ 设备的工作台高度与人体尺寸比例应采用合理数值　工作台高度不适当，容易引起操作者疲劳。根据一般情况统计，有一系列推荐数值，如站姿用工作台高度为人体高度的 10/19，坐姿则为 7/17。

⑤ 合理安置调整环节以加强设备的适用性　如目视测量仪器应能按使用者情况调整两个目镜间的目距和视度。

⑥ 尽量避免躯体反复扭转，减少脊柱疲劳和受伤的可能性　图 1-29（a）所示是传送工作台的不合理设计，操作者要反复转动移位，传递零件。弯曲和扭转使身体承受了较大的力矩性载荷，反复如此，更容易疲劳。图 1-29（b）所示为传送工作台的改进设计，传送要求没有变化，工作面积也无改变，但由于更改了工作台的布置，并且用滚筒工作台取代了滑板工作台，还设置了传送导向板，这不仅减轻了载荷负担，还避免了身体的反复扭动。

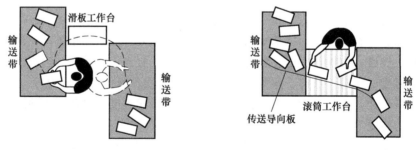

(a) 传统的输送带转换装置，操作者需要反复转动　　(b) 改进的输送带转换装置，操作者不需要转动移位

图 1-29　尽量避免躯体反复扭转

⑦ 尽量避免或减轻振动等引起的不良作业环境的影响　图 1-30（a）所示为立式运转机械的机座直接放置在地基上，由于运转的不平衡及多台机械互相干扰，工作时引起了低频振动，使部分操作者感到疲劳、视觉模糊，也影响了机器的工作质量。图 1-30（b）所示为立式运转机械的机座下部安装了防振垫铁，它由调整盘、减振橡胶及防护外壳组成，立式运转机械的工作动载荷通过调整盘传给减振橡胶，有效地减轻了机械振动。

⑧ 机械的控制器应该与被控制对象在位置上协调一致　图 1-31（a）所示为叉车的功能动作（叉取货物）布置在控制系统及操作者的背后，操作者需要反复转动头颈进行控制，不但容易疲劳，而且容易出错。图 1-31（b）所示为叉车的功能动作与其控制系统都布置在操作者的前方，使其在方向位置上协调一致，使操作者减轻了颈部疲劳，提高了工作效率。

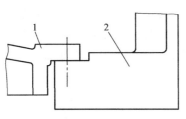
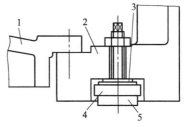

(a) 机座没有安装防振垫铁   (b) 机座下面安装防振垫铁，既隔振，又可调整高低

图 1-30 尽量避免或减轻振动等引起的不良作业环境的影响

1—底座平台；2—机座；3—调整垫；4—防护外壳；5—减振橡胶

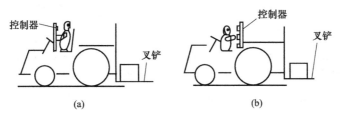

(a)   (b)

图 1-31 机械的控制器应该与被控制对象在位置上协调一致

（2）仪表面板布置的合理设计

① 机械的操纵、控制和显示装置应安排在操作者面前最合理的位置　按坐姿考虑，操作者面前的设计布置区域如图 1-32 所示。对于站姿最下面的横线相当于人体腰部位置。A 区（一般区域）位于一般视觉区内，在这一区内可以布置操作频繁的常用操纵位置。B 区（最佳区域）位于一般视觉区内，在这一区内视觉及手操作最佳，在这一区内布置精确调整和认读的装置或应急操作按钮。C 区（辅助区域）布置次要的辅助操纵装置或指示装置。D 区（最大区域）布置最次要的辅助操纵装置或指示装置。

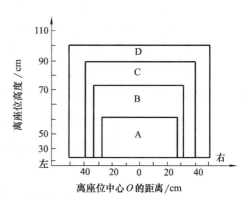

图 1-32 操作者面前设计布置区域图

② 显示装置采用合理的形式　刻度盘的示数装置形式，对读数误差率影响很大。由于人眼水平读数比垂直方向的快，为了集中读数注意力，读数窗尺寸应小一些。

③ 仪表盘上的刻字应清楚易读，刻度线宽度不宜太宽　对刻度线长度、粗细、间隔，字符的字形、尺寸、位置、书写方式等都有一定要求。刻度线上标示的数字，刻度盘固定而指针转动的，所有的字应正对操作者；刻度盘转动而指针固定的，转到的数字应正对指针，并便于认读。此外，读数应明确地认出哪边大哪边小。

刻度线宽度一般取为刻度的 0.05～0.15 倍，常取（0.1±0.02）mm；远距离观察时，可取为 0.6～0.8mm。刻度线宽度/刻度的值，由 0.1 增加到 0.3 时，平均读数误差增加约 50%。

④ 机械的控制机构或仪表显示应该与控制对象在运动方向上一致　如图 1-33 所示是操纵旋钮和仪表盘的运动协调性设计前后对比：图（a）所示的操纵旋钮顺时针向右转动，与

旋钮最靠近点的仪表盘指针却顺时针向左转动，两者相逆而行，不符合人接受运动信息的习惯模式，人的认知规律受到干扰，在紧张状况下容易出错；图（b）所示是将仪表盘旋转180°，当操作旋钮顺时针向右旋转时，仪表盘指针也同样顺时针向右旋转，不会出现靠近点的运动方向问题，但两者总体运动方向一致，因而信息处理更快、更准确。

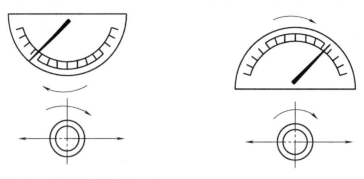

(a) 操纵旋钮和仪表盘指针都是顺时针运动，但两者相近点运动方向相反，容易出错　　(b) 操纵旋钮和仪表盘指针都是顺时针运动，回避了相近点的运动，不易出错

图 1-33　操纵旋钮和仪表盘的运动协调性设计前后对比

（3）操作手柄和旋钮的合理设计

① 旋钮大小、形状要合理　旋钮多做成圆形，在圆柱面上常做出齿纹以免转动时打滑。为了用一个旋钮控制多个指示器，可以做成多层旋钮，这样既节省位置，又方便操作。对多层旋钮的各旋钮尺寸应合理安排，以免使用时互相干扰。

② 手柄形状便于操作和发力　按人手形状与骨骼构造设计手柄形状，不单便于操作，使发力较大，还可以减少操作者得职业病的可能，如图 1-34 所示。

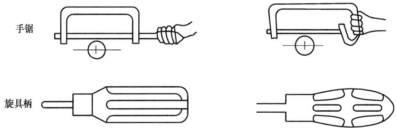

图 1-34　手柄形状便于操作与发力

（4）避免对人身的伤害

① 设法消除发生人身事故的可能性。

② 避免使用不慎产生的事故。如图 1-35 所示是机器的动力源插头从安全角度考虑的设计对比：图（a）所示为传统设计的插头，插拔时难免摇晃触电；图（b）所示为改进设计的插头，中间孔便于手指入内施力，也远离导电部位，插拔更为安全。

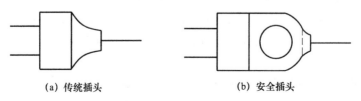

(a) 传统插头　　　　(b) 安全插头

图 1-35　插头

1.4.4 绿色结构设计

机械产品在生产、使用到报废的整个寿命周期中，需要耗费许多的资源，并产生大量废弃物，有些废弃物对生态环境和人类健康产生严重影响。在考虑绿色要求设计机械结构时，除延长产品寿命、产品排出物无害化以外，还要注意以下几个方面的问题：

（1）减少废物的排出

① 防止有害物质泄漏 机器中的润滑剂、燃油或其他有害物质泄漏都会对环境造成污染。设计者应采用严密的容器、可靠的密封及其他的防泄漏措施，确保不会发生泄漏。

② 不采用有害的工艺方法 有些机械加工工艺使用或产生有害的物质或材料，如氰化热处理，使用含氰的化合物，有剧毒，即使这种热处理方法有较好效果，也不宜采用。

③ 气动机构对环境污染小 气动机构泄漏的空气对环境没有什么污染，虽然它与油压机构比较压力较低，平稳性较差，但仍有一定的应用范围。

④ 避免事故，防止污染 化工、石油、农药、核电等工厂有易燃、易爆和严重污染环境的气、液、放射性物质等，要采用各种措施避免这些工厂的设备发生爆炸、燃烧等事故，还要防止事故发生后，有害液体流入江河，或大量有毒气体外泄，造成大面积污染。

⑤ 要尽量减少原材料的消耗，尤其是稀有、贵重的原材料，以保护自然 减少原材料的消耗，不仅是为了降低成本，更重要的是环境保护的需要，使人类的不可再生资源不致过分消耗，维护生态平衡。

（2）减少能源和材料的消耗，避免环境污染

① 避免采用效率低的传动形式 低效率的传动形式耗费能源，产生热量，产生对环境的污染，增加了运行的费用。尽量避免采用蜗杆传动等低效率的传动形式，尤其是对于长时间连续运转的传动。

② 减小机械的主要尺寸 在保证机械的使用性能的条件下，尽可能减小其主要尺寸。

③ 对包装要求适当 机械包装是机械设计的重要组成部分。不良的包装，使机器到用户手中时，生锈、磕碰损坏、精度丧失成为废品。但是也应该避免过度的包装，否则消耗材料过多，产生大量的废弃包装物，造成浪费和污染。

④ 要使所设计的产品在从制造到回收的完整寿命周期内都要减少有害物质的排放，以避免对自然环境造成污染 机械设计的产品从原材料的选择、熔炼、加工、装配、发送、使用、维修、废品回收、再处理的寿命周期各阶段，都有可能排放各种有害物质，污染环境。因此，必须重视每一环节对环境的污染和破坏。

（3）加强材料回收利用，产品容易拆卸和分离

① 优先采用热塑性塑料 热固性塑料的废料，不能再重新熔铸成型，只能燃烧利用其热量

② 不在热塑性塑料表面涂油漆或粘贴标签 热塑性塑料可以重新加工成为新的塑料零件，其表面的油漆和粘贴的标签很难清除干净，并影响零件的质量、色泽等。

③ 钢零件和铜零件应容易分离 钢零件熔化后可再利用，但是如果其中含有较多的铜，则影响钢的质量。如蜗轮轮芯与轮缘用螺栓连接容易拆卸。

④ 使包装能够重复利用 有些大量生产的产品，其包装设计成可以反复使用的形式，能够节约大量的包装材料和人力，而且避免污染。

⑤ 原材料要尽量多选用可再生物资，以利于资源回收和再循环使用　资源回收和再循环使用是环境保护的重要内容，可以降低自然环境资源的消耗，更重要的是可以减少对自然环境的污染。

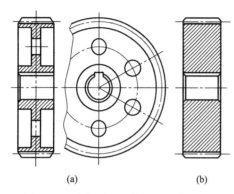

(a)　　　　　(b)

图 1-36　避免不必要的加工要求（一）

（4）减小加工余量，缩短加工时间

① 使毛坯与机械零件的形状尽量接近　切削加工消耗能量和材料，产生的切屑越多，消耗越大，加工产生的污染就越严重。尽量避免用棒料直接加工，而应该采用锻造或精密锻造、精密铸造等加工方法，减少切削加工工作量，同时也减少了加工时间。

② 避免不必要的加工要求（一）　以前圆柱齿轮多采用辐板式结构，如图 1-36 （a）所示，在很多情况下是用圆盘形毛坯车削而成，切削工作量大，消耗大。近年来出现了实体齿轮，如图 1-36 （b）所示，加工工作量明显减小，而且减小了齿轮的噪声，适用于固定式齿轮传动装置。

③ 避免不必要的加工要求（二）　大的铸件平面安装螺栓连接，要求把支承螺钉头的表面加工出平面，用凸台或沉头座（鱼眼坑）代替整个平面加工，减小加工表面，如图 1-37 所示。

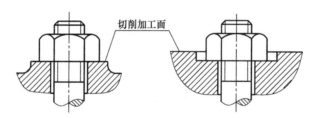

切削加工面

图 1-37　避免不必要的加工要求（二）

1.5　机械结构设计的发展方向

1.5.1　机械结构设计向智能化方向发展

目前，多数结构设计仍以手工方式进行，因而，设计效率低，设计周期长，设计人员的主要精力在绘图上，无法顾及创造性的发挥。因此，计算机辅助结构设计成为机械结构设计的必然趋势。随着专家系统和面向对象技术的发展以及结构设计准则的不断完善，结构的智能化设计逐渐成为结构设计的研究热点。

机械结构设计涉及的知识面较广，包括专家经验、材料性能、公差配合、加工、装配等，因此，建立计算机辅助结构设计系统时，要求有较强的数值计算能力，过程控制能力以及表达数据、行为特征、约束、专家经验、判断、决策等知识的能力。采用面向对象技术可以很好地表达上述知识（面向对象技术的特点是可以将多种单一的知识表达方法按照面向对象的程序设计思想组合成一种混合知识表达形式），这样，就弥补了传统 CAD 的不足，为计算机辅助结构设计开辟了广阔的前景。

1.5.2 机械结构设计向系统化方向发展

　　积极开发机械设计中常用部件的结构设计系统，并尽快推广到工厂应用中。将常用部件的结构设计系统应用于产品系列化设计中，完善设计行业标准化范畴，缩短设计周期，节省设计成本及加工制造的成本。

第**2**章

螺纹连接结构设计

2.1 概述

　　螺纹连接是在各种机械装置和仪器仪表中广泛使用的连接形式。螺纹连接工作可靠，拆装方便，标准化程度高，有多种结构形式供设计者选择，可以满足各种工作要求。由于螺纹连接使用量大，而且很多螺纹连接处于很重要的部位，所以正确设计螺纹连接有很重要的意义。

　　在设计螺纹连接时要求它在使用中不断、不松——既不会产生断裂等失效，也不会松脱。此外还要求螺纹连接件和被连接的零件加工、装配、修理、更换方便，经济合理，保证安全。

　　螺纹紧固件种类很多，有二百多个国家标准，规定了它的形状、尺寸、材料、性能、检验方法等。《机械设计手册》摘录了常用的国家标准，设计者应该了解并熟悉常用的国家标准，正确地选择和使用它们。我国的国家标准与国际标准化组织（ISO）联系密切，常随着ISO改进，每年都公布一些新的国家标准，设计者应该与时俱进，及时掌握和使用最新的国家标准。

2.2 螺纹连接的类型和选用要点

2.2.1 螺纹的类型选用要点

　　根据螺纹分布的部位，分为外螺纹和内螺纹。在圆柱体外表面上形成的螺纹称为外螺纹，在圆柱孔内壁上形成的螺纹称为内螺纹，内、外螺纹旋合组成的运动副称为螺纹副或螺旋副。根据螺旋线绕行方向，螺纹可分为右旋螺纹和左旋螺纹，最常用的是右旋螺纹。根据螺纹母体形状可分为圆柱螺纹和圆锥螺纹，圆锥螺纹主要用于管连接，圆柱螺纹用于一般连接和传动。螺纹又有米制和英制（螺距以每英寸牙数表示）之分，我国除管螺纹保留英制外，其余都采用米制螺纹。根据牙型螺纹又分为普通螺纹、管螺纹、梯形螺纹、矩形螺纹和锯齿形螺纹等，前两种螺纹主要用于连接，后三种螺纹主要用于传动，除矩形螺纹外，其余都已标准化。标准螺纹的基本尺寸可查阅有关标准，如 GB/T 193—2003 为普通螺纹的直径与螺距系列。常用螺纹的类型、特点和应用见表 2-1。

2.2.2 螺纹连接的类型选择要点

　　（1）螺栓连接

表 2-1 常用螺纹的类型、特点和应用

螺纹类型		牙 型 图	特点和应用
连接螺纹	普通螺纹		牙型为等边三角形,牙型角 $\alpha = 60°$,内、外螺纹旋合后留有径向间隙。外螺纹牙根允许有较大的圆角,以减小应力集中。同一公称直径按螺距大小,分为粗牙和细牙。细牙螺纹的牙型与粗牙螺纹相似,但螺距小,升角小,自锁性较好,强度高,因牙细不耐磨,容易滑扣。一般连接多用粗牙螺纹,细牙螺纹常用于细小零件、薄壁管件或受冲击、振动和变载荷的连接中,也可作为微调机构的调正螺纹
	非螺纹密封的管螺纹		牙型为等腰三角形,牙型角 $\alpha = 55°$,牙顶有较大的圆角,内外螺纹旋合后无径向间隙,管螺纹为英制细牙螺纹,基准直径为管子的外螺纹大径。适用于管接头、旋塞、阀门及其他附件。若要求连接后具有密封性,可压紧被连接件螺纹副外的密封件,也可在密封面间添加密封物
	用螺纹密封的管螺纹		牙型为等腰三角形,牙型角 $\alpha = 55°$,牙顶有较大的圆角,螺纹分布在锥度为 $1:16(\varphi = 1°47'24'')$ 的圆锥管壁上。它包括圆锥内螺纹与圆锥外螺纹和圆柱内螺纹与圆锥外螺纹两种连接形式。螺纹旋合后,利用本身的变形就可以保证连接的紧密性,不需要任何填料,密封简单。适用于管子、管接头、旋塞、阀门和其他螺纹连接的附件
	米制锥螺纹		牙型角 $\alpha = 60°$,螺纹牙顶为平顶,螺纹分布在锥度为 $1:16(\varphi = 1°47'24'')$ 的圆锥管壁上。用于气体或液体管路系统依靠密封的连接螺纹(水、煤气管道用管螺纹除外)
传动螺纹	矩形螺纹		牙型为正方形,牙型角 $\alpha = 0°$。其传动效率较其他螺纹高,但牙根强度弱,螺旋副磨损后,间隙难以修复和补偿,传动精度降低。矩形螺纹尚未标准化,推荐尺寸:$d = \frac{5}{4}d_1$,$p = \frac{1}{4}d_1$。目前已逐渐被梯形螺纹所代替
	梯形螺纹		牙型为等腰梯形,牙型角 $\alpha = 30°$。内、外螺纹以锥面贴紧,不易松动。与矩形螺纹相比,传动效率略低,但工艺性好,牙根强度高,对中性好。如用剖分螺母,还可以调整间隙。梯形螺纹是最常用的传动螺纹
	锯齿形螺纹		牙型为不等腰梯形,工作面的牙侧角为 $3°$,非工作面的牙侧角为 $30°$。外螺纹牙根有较大的圆角,以减少应力集中。内、外螺纹旋合后,大径处无间隙,便于对中。这种螺纹兼有矩形螺纹传动效率高、梯形螺纹牙根强度高的特点,但只能用于单向受力的螺纹连接或螺旋传动中,如螺旋压力机

螺栓连接的结构特点是被连接件的孔中不切制螺纹，装拆方便。这种连接的优点是加工简便，成本低，故应用最广。它适用于承受垂直于螺栓轴线的横向载荷。

（2）螺钉连接

螺钉直接旋入被连接件的螺纹孔中，省去了螺母，因此结构上比较简单。但这种连接不宜经常装拆，以免被连接件的螺纹被磨损而使连接失效。

（3）双头螺柱连接

双头螺柱多用于较厚的被连接件或为了结构紧凑而采用盲孔的连接。双头螺柱允许多次装拆而不损坏被连接零件。

（4）紧定螺钉连接

紧定螺钉连接常用来固定两零件的相对位置，并可传递不大的力或力矩。

2.2.3 螺纹连接的设计选用要点

（1）直径较大的螺钉宜采用六角或内六角头螺钉

如图 2-1（a）所示，开槽螺钉用旋具扭紧，手握处直径小，不易产生较大的扭紧力矩。因此，对大直径螺钉（M10 以上），宜采用六角或内六角头螺钉，见图 2-1（b）。

（2）普通螺栓连接的孔径为通孔

如图 2-2 所示，普通螺栓连接用于连接厚度较薄的板形零件，零件需钻通孔，其孔径大于螺栓螺纹大径（约 $1.1d$）。

（3）对经常装拆的场合宜采用双头螺柱连接

如图 2-3（a）所示，当被连接件之一厚度较大时，若经常装拆则不宜采用螺钉连接，以免由于钉孔磨损，使被连接件损坏。此种情况下，应采用双头螺柱，见图 2-3（b）。

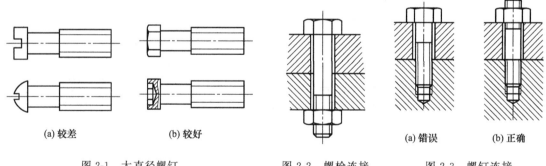

| (a) 较差 | (b) 较好 | | (a) 错误 | (b) 正确 |

图 2-1　大直径螺钉　　　　图 2-2　螺栓连接　　　图 2-3　螺钉连接

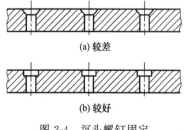

(a) 较差

(b) 较好

图 2-4　沉头螺钉固定

（4）采用多个沉头螺钉固定时，应采用圆柱形沉头

如图 2-4（a）所示，用多个锥端沉头螺钉固定一个零件时，如有一个钉头的圆锥部分与钉头锥面贴紧，则由于加工孔间距误差，其他钉头不易正好贴紧。如改用圆柱头沉头螺钉固定，则可以使每个螺钉都压紧。为了提高固定的可靠性，可安装两个定位销，见图 2-4（b）。

（5）吊环螺钉应采用标准件

如图 2-5（a）所示，吊环螺钉在受到钢丝绳倾斜方向拉力时，若没有紧固于地面，则螺钉会受到很大的弯曲应力。应按国家标准选择标准的吊环螺钉，见图 2-5（b）。

（6）铰链应采用销轴

如图 2-6（a）所示，螺纹有间隙不能精确定位，因此不宜用螺钉做销轴。销轴应采用销连接。为避免销从孔中滑出，可采用带孔销（GB/T 880—2008）或销轴（GB/T 882—2008），见图 2-6（b）。

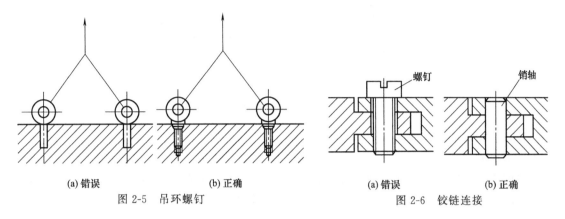

图 2-5 吊环螺钉 　　　　图 2-6 铰链连接

2.3 螺纹连接件设计要点

（1）避免螺杆受弯曲应力

螺栓受弯曲应力时，强度将受到严重削弱。如图 2-7（a）所示，当两个零件高度不等，使压板歪斜时，在拉杆中引起弯曲应力。如图 2-7（b）所示，在螺母下放一球面垫圈，压板端部设计为球面，可以避免产生弯曲应力。

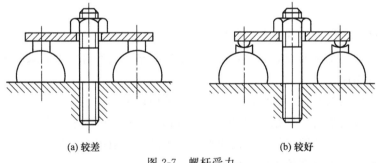

图 2-7 螺杆受力

（2）螺母与零件的接触面为锥形时，其锥顶角应足够大

螺母与零件的接触面为锥形，可以增加螺母的摩擦转矩，有利于防松和对中。如图 2-8（a）所示，若其锥顶角过小，则在转动螺母时圆锥部分产生过大的摩擦力矩，不利于安装。此角为 90°比较适当，见图 2-8（b）。

（3）受剪螺栓钉杆应有较大的接触长度

螺栓螺纹部分在螺母支承面以下的余留长度

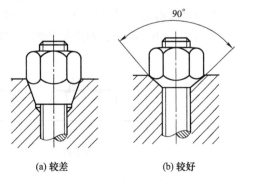

图 2-8 螺母连接

和伸出螺母的高度，都应按标准。如图 2-9 所示，用受剪螺栓连接时，此余留螺纹长度应尽可能小，可以采用补偿垫圈容纳螺纹收尾，以使被连接部分的孔壁全长都与螺栓杆接触。

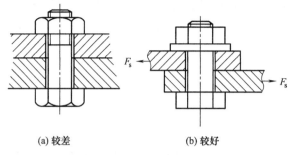

(a) 较差   (b) 较好

图 2-9　受剪螺栓钉杆设计

（4）减小螺母的摩擦面

为了减小安装螺母时所需的转矩，可以减小螺母的摩擦面尺寸，如图 2-10（a）所示，螺母与垫圈为一个零件，转动螺母所需克服的摩擦转矩大。如图 2-10（b）所示，只有螺母转动，垫圈固定不动，安装时省力，但是其锁紧效果较差。

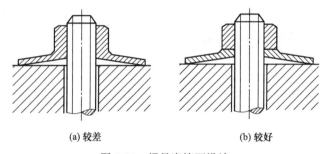

(a) 较差   (b) 较好

图 2-10　螺母摩擦面设计

（5）铝制垫片不宜在电气设备中使用

拧紧螺母时，其支承面与垫片相互摩擦，使铝制垫片表面有一些屑末落下，如落至电气系统中，会引起短路。

（6）表面有镀层的螺钉，镀前加工尺寸应留镀层裕量

表面镀铬或镍的螺钉，镀层厚度可达 0.01mm 左右。在制造这种螺钉时，应留有足够的裕量，使镀后尺寸符合国家标准，镀前切削加工尺寸必须留有裕量。

（7）经常拆装的外露螺栓头要避免碰坏

对于经常拆卸螺母的场合，螺栓头部容易被碰坏，因此不宜采用平头或圆头的结构，如图 2-11（a）、（b）所示；而应把外露的螺纹切去，制成圆柱头，见图 2-11（c）。

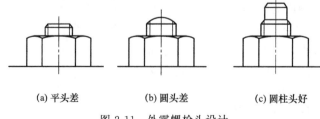

(a) 平头差   (b) 圆头差   (c) 圆柱头好

图 2-11　外露螺栓头设计

（8）必须保证螺母全高范围内所有螺纹正确旋合

螺母全高范围内各扣螺纹都与螺杆的螺纹旋合，才能保证足够的强度，不能保证全部旋合的结构都是不允许的。

（9）防松要求较高的螺栓连接不能只锁紧螺母

如图 2-12（a）所示，只锁紧螺母不够可靠；必须把螺钉和螺母都加锁紧装置才能保证可靠地锁紧，见图 2-12（b）。

（10）螺钉装配要采用适当的工具

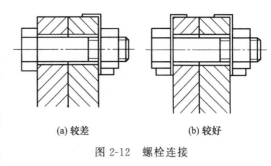

(a) 较差　　　(b) 较好

图 2-12　螺栓连接

螺钉装配工作量大，而准确地控制拧紧力矩，对提高它的性能和可靠性有很大的帮助。图 2-13（a）所示是普通的拧紧工具。图 2-13（b）所示的装置，一次装入几个螺钉，提高了工作效率，在达到一定转矩时，连接处细杆部分拧断，而自动控制拧紧力矩，但破断处不美观，而且容易碰伤人手，还要进一步改进。

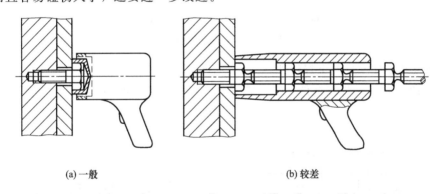

(a) 一般　　　　　　　　　　　　　　(b) 较差

图 2-13　螺钉装配工具

2.4　被连接件设计要点

（1）避免在拧紧螺母（或螺钉）时，被连接件产生过大的变形

如图 2-14（a）所示，由于螺钉的预紧力过大，使叉形零件变形，杆件不能灵活转动。

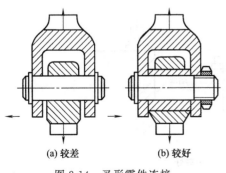

(a) 较差　　　(b) 较好

图 2-14　叉形零件连接

如图 2-14（b）所示加一套筒撑住叉形零件，使叉形零件变形受到限制，保证了转动的灵活性。

（2）法兰结构的螺栓直径、间距及连接处厚度要选择适当

化工设备的管接头法兰或热交换器的设计要执行规定的有关标准。如图 2-15 所示，对于有压力密封要求的连接，螺栓强度、法兰的刚性、螺栓的紧固操作三个要素中任何一个要素不适当，都会影响在密封面全长上接触压力的均匀性。

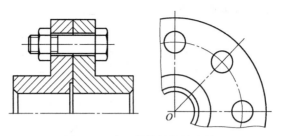

图 2-15　法兰结构的螺栓连接

（3）不要使螺孔穿通，以防止泄漏

如图 2-16 所示，在壁厚不够的位置尽量不开螺纹孔（或者不开通孔），否则容易发生泄漏现象。因为螺栓与螺纹孔之间有间隙（主要在螺纹顶部及根部），由此容易产生泄漏。

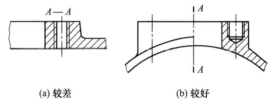

(a) 较差　　　　　(b) 较好

图 2-16　螺纹孔长度设计

（4）螺纹孔不应穿过两个焊接件

如图 2-17 所示，对焊接构件，螺孔既不要开在搭接处也不要穿通，防止泄漏和降低连接强度。

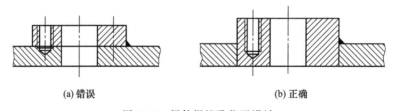

(a) 错误　　　　　(b) 正确

图 2-17　焊件螺纹孔位置设计

（5）靠近基础混凝土端部不宜布置地脚螺栓

如图 2-18 所示，如果在混凝土基础的端部设置有地脚螺栓等，常常容易使混凝土破损；解决办法是使地脚螺栓的布置位置尽量远离基础端部，在不得已靠近端部时，要把混凝土基础加厚，提高强度。

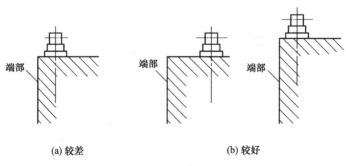

(a) 较差　　　　　　　　(b) 较好

图 2-18　地脚螺栓

（6）埋在混凝土地基中的地脚螺栓应避免受拉力

如图 2-19 所示，地脚螺栓受向上的拉力的能力较差，尽可能使其受向下的力。

（7）螺孔的孔边要倒角

如图 2-20 所示，螺纹孔孔边的螺纹容易碰坏，碰坏后产生装拆困难的现象，将螺孔口倒角可以避免这种情况的发生。

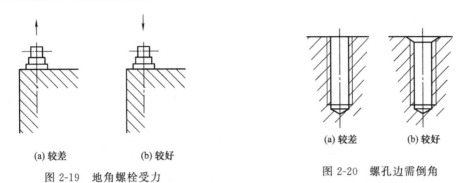

图 2-19　地角螺栓受力　　　　　图 2-20　螺孔边需倒角

（8）对深的螺孔，应在零件上设计凸台

如图 2-21 所示，对于较深的螺孔需要有凸台结构，为了防止由于凸台错位而造成螺孔穿通，设计时要留出一定的余量。

（9）螺孔要避免相交

如图 2-22 所示，轴线相交的螺孔碰在一起，会削弱机体的强度和螺钉的连接强度，因此，在设计中要避免螺孔相交。

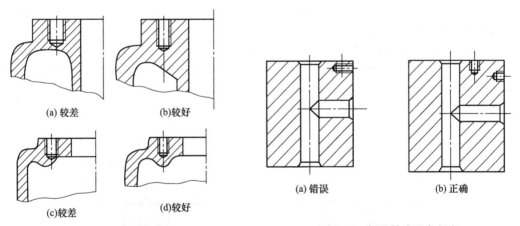

图 2-21　零件上深螺纹孔处凸台的设计　　　　图 2-22　螺孔轴线避免相交

（10）避免螺栓穿过有温差变化的腔室

当螺栓穿过按环圈分为三块的压缩机气缸时，穿过吸入侧的螺栓，在停止和运转时的温度变化不大，因为这一部分的气缸有水冷却；穿过排出侧腔室的螺栓，由于温度的变化使拉紧的螺栓松弛，再拧紧又增加了应力，因此，在这样的地方要避免使用螺栓，在不得已的情况下，使用高强度螺栓。

2.5　螺栓组连接的结构设计要点

（1）法兰螺栓不要布置在正下面

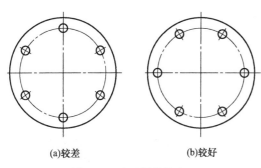

(a)较差　　　　　(b)较好

图 2-23　法兰螺栓的布置

如图 2-23 所示，法兰的正下面的螺栓容易受泄水的腐蚀，而影响螺栓的连接性能，且易产生泄漏，应适当改变螺栓布置，效果更好。

（2）侧盖的螺栓间距，应考虑密封性能

如图 2-24 所示，容器侧面的观察窗等的盖子，即使内部没有压力，也会有油的飞溅等情况，从而产生泄漏；特别是在下半部分产生泄漏；为了避免泄漏需要把下半部分的螺栓间距缩小，一般上半部的螺栓间距是下半部分间距的两倍。

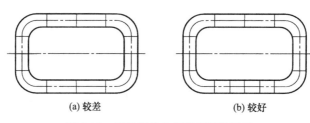

(a) 较差　　　　　(b) 较好

图 2-24　螺栓侧盖上螺栓间距的设计

（3）螺钉应布置在被连接件刚度最大的部位

螺钉布置在被连接件刚度较小的凸耳上不能可靠地压紧被连接件。加大边缘部分的厚度，可使结合面贴合得好一些。在被连接件上面加十字或交叉对角线的肋板，可以提高刚度，提高螺钉连接的紧密性。

（4）紧定螺钉只能加在不承受载荷的方向上

如图 2-25 所示，使用紧定螺钉进行轴向定位止动时，要在不受载荷作用的方向进行紧定，否则会被压坏，不起紧定作用。当轴承受变载荷时，用紧定螺钉止动是不合适的。

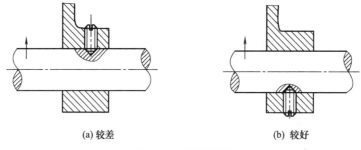

(a) 较差　　　　　(b) 较好

图 2-25　紧定螺钉

2.6　提高螺栓连接强度的措施

如图 2-26 所示，螺栓连接承受轴向变载荷时，其损坏形式多为螺杆部分的疲劳断裂，通常都发生在应力集中较严重之处，即螺栓头部、螺纹收尾部和螺母支承平面所在处的螺纹。以下简要说明影响螺栓强度的因素和提高强度的措施。

（1）降低螺栓总拉伸载荷 F_a 的变化范围

螺栓所受的轴向工作载荷 F_E 在 $0\sim F_E$ 间变化时，螺栓所受的总拉伸载荷 F_a 也作相应的变化 $\left[\text{螺栓所受的轴向工作载荷 } F_E \text{ 在 } 0\sim F_E \text{ 间变化时，螺栓所受的总拉伸载荷 } F_a \text{ 的变化范围为 } F_0\sim\left(F_0+F_E\dfrac{k_b}{k_b+k_c}\right)\right]$。减小螺栓刚度 K_b 或增大被连接件刚度 K_c 都可以减小 F_a 的变化幅度。这对防止螺栓的疲劳损坏是十分有利用。

为了减小螺栓刚度，可减小螺栓光杆部分直径或采用空心螺杆，如图 2-27 所示，有时也可增加螺栓的长度。

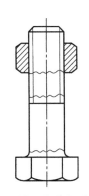

图 2-26　螺栓疲劳断裂的部位

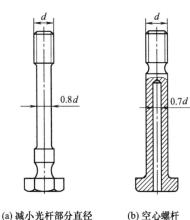

(a) 减小光杆部分直径　　(b) 空心螺杆

图 2-27　减小螺栓刚度的结构

如图 2-28 所示，被连接件本身的刚度较大，但被连接件的接合面因需要密封而采用软垫片时将降低其刚度。若采用金属薄垫片或采用 O 形密封圈作为密封元件，则仍可保持被连接件原来的刚度值，见图 2-29。

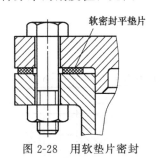

软密封平垫片

图 2-28　用软垫片密封

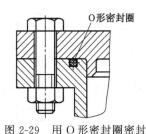

O形密封圈

图 2-29　用 O 形密封圈密封

（2）改善螺纹牙间的载荷分布

采用普通螺母时，轴向载荷在旋合螺纹各圈间的分布是不均匀的，如图 2-30（a）所示，从螺母支承面算起，第一圈受载最大，以后各圈递减。理论分析和实验证明，旋合圈数越多，载荷分布不均的程度也越显著，到第 $8\sim10$ 圈以后，螺纹几乎不受载荷。所以，采用圈数多的厚螺母，并不能提高连接强度。若采用如图 2-30（b）所示的悬置（受拉）螺母，则螺母锥形悬置段与螺杆均为拉伸变形，有助于减少螺母与螺杆的螺距变化差，从而使载荷分布比较均匀。图 2-30（c）所示为环槽螺母，其作用和悬置螺母相似。

（3）减小应力集中

如图 2-31 所示，增大过渡处圆角 ［图（a）］、切制卸载槽 ［图（b）］、（c）］ 都是使螺栓

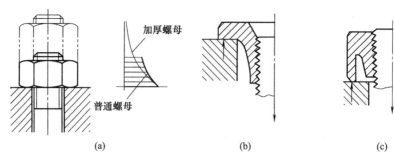

图 2-30 改善螺纹牙的载荷分布

截面变化均匀、减小应力集中的有效方法。

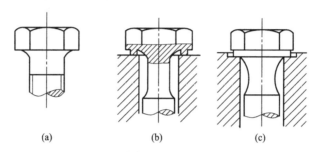

图 2-31 减小螺栓应力集中的方法

（4）避免或减小附加应力

如图 2-32 所示，由于设计、制造或安装上的疏忽，有可能使螺栓受到附加弯曲应力，这对螺栓疲劳强度的影响很大，应设法避免。例如，在铸件或锻件等未加工表面上安装螺栓时，常采用凸台或沉头座等结构，经切削加工后可获得平整的支承面，见图 2-33。

除上述方法外，在制造工艺上采取冷镦头部和辗压螺纹的螺栓，其疲劳强度比车制螺栓高约 30%；氧化、氮化等表面硬化处理也能提高疲劳强度。

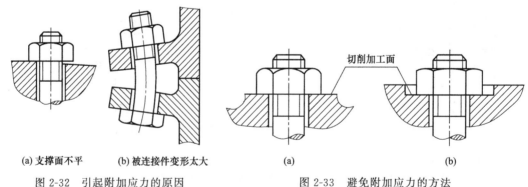

(a) 支撑面不平　(b) 被连接件变形太大

图 2-32 引起附加应力的原因

图 2-33 避免附加应力的方法

2.7 螺纹连接防松结构设计要点

（1）对顶螺母高度不同时，不要装反

使用对顶螺母是常用的防松方法之一。两个对顶螺母拧紧后，使旋合螺纹间始终受到附加的压力和摩擦力的作用。根据旋合螺纹接触情况分析，下螺母螺纹牙受力较小，其高度可小些。但是，使用中常出现下螺母厚，上螺母薄的情况。这主要是由于扳手的厚度比螺母厚，不容易拧紧，通常为了避免装错，两螺母的厚度取相等为最佳方案，如图2-34所示。

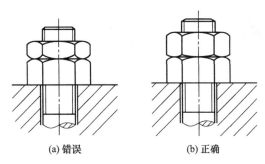

(a) 错误   (b) 正确

图2-34 对顶螺母防松

（2）防松的方法要确实可靠

如图2-35所示，用钢丝穿入各螺钉头部的孔内，将各螺钉串起来，以达到防松的目的时，必须注意钢丝的穿入方向为：使螺栓始终处于旋紧的状态。此种方法简单安全，常用于无螺母的螺钉连接。

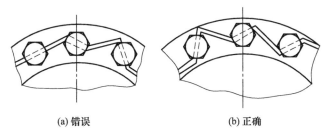

(a) 错误   (b) 正确

图2-35 防松方法

（3）防松结构应简单

如图2-36所示，采用止动垫圈防松时，如果垫圈的舌头没有完全插入轴侧的竖槽里则不能起止动作用。使用新型圆螺母止动垫圈，轴槽加工量较少，省去了去除螺纹毛刺的工作，防松的可靠性达到100%，对轴强度削弱较少。

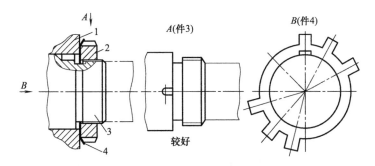

图2-36 采用止动垫圈防松

1—被紧固件；2—圆螺母；3—轴；4—新型圆螺母止动垫圈

（4）对于带锁紧装置的调整螺钉，要求容易调整、锁紧可靠

如图2-37所示，调整螺钉对调整方便和可靠锁紧两项要求常难以同时满足：图（a）所示用防松螺母，锁紧可靠，但难以精确调整，尤其对于比较狭窄的环境难度更大；图（b）

所示用螺旋弹簧，容易调整，但容易因为振动而自动改变其预先设定的位置；图（c）所示用带齿的盘形弹簧，在机器工作中可以迅速地调整。

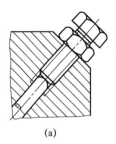 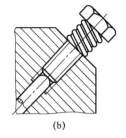 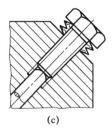

(a)　　　　　　　(b)　　　　　　　(c)

图 2-37　带锁紧装置的调整螺钉

第3章

键及花键的结构设计

3.1 概述

键是常用的轴与轮毂的连接零件。键的种类有：平键、半圆键、斜键、花键等。按轴的尺寸、传递转矩的大小和性质、对中要求、键在轴上是否要作轴向运动等选择键的型式和尺寸。

键槽会引起应力集中，削弱轴和轮毂的强度，此外，有些类型的键会引起轴上零件的偏心，引起振动和噪声。对于高转速的、大转矩或大直径的键连接和花键连接，结构设计时应该特别注意选择合理的键连接结构形式、尺寸和材料。

键主要用来实现轴和轴上零件之间的周向固定并传递转矩。有些类型的键还可实现轴上零件的轴向固定或轴向移动。

键连接按不同的装配形式可分为两大类，即松连接和紧连接。松连接是靠侧面挤压进行工作

图 3-1 键连接的分类

的，工程中用得较多。轮毂间相互固定、不能进行相对运动的称为静连接，能进行相对运动的称为动连接。键连接的具体分类如图 3-1 所示。

3.2 键的型式和尺寸选择设计要点

3.2.1 键连接

（1）平键连接

普通平键连接的结构形式及 A 型、B 型、C 型键的形状如图 3-2 所示。

键的上表面与轮毂不接触，有间隙，侧面与轴槽及轮毂槽间为配合尺寸，两侧面为工作面，靠键与槽的挤压和键的剪切传递转矩。

如图 3-3（a）所示，A 型的圆头平键连接，轴上的槽用指状铣刀加工出来，因此键与槽同形，定位好，工程上最常用。但是，由于指状铣刀圆角半径小，因此轴槽的应力集中较大，降低了轴的疲劳强度。如图 3-3（b）所示，B 型键用盘铣刀进行加工，盘铣刀圆角半径大，所以轴槽的应力集中小，但是因键与槽不同形，所以轴向定位效果不好，常用紧定螺钉紧固。如图 3-3（c）所示，C 型键与 A 型键加工方法相同，由于一侧是圆头一侧是方头，所以常用在轴端。轮毂槽用拉刀或插刀进行加工。

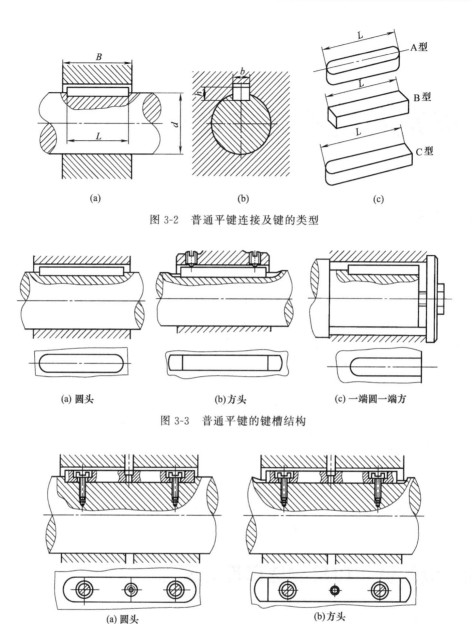

图 3-2 普通平键连接及键的类型

（a）圆头　　　　　　（b）方头　　　　　　（c）一端圆一端方

图 3-3 普通平键的键槽结构

（a）圆头　　　　　　　　　（b）方头

图 3-4 导向平键连接

　　如果是薄壁结构，空心轴等径向尺寸受限制的连接，可采用薄型平键，其键高为普通平键的 60%～70%。

　　如果轴上的零件需要在轴上移动时，可采用导向键连接，即键用螺钉固定在轴槽中，键不动，轮毂轴向移动，如图 3-4 所示，导向键结构有圆头和方头两种。而滑键固定在轮毂上，随轮毂一同沿着轴上键槽移动，如图 3-5 所示。导向键连接和滑键连接均为动连接。键与其相对滑动的键槽之间的配合为间隙配合。当轴向移动距离较大时，宜采用滑键，因为如用导向键，键将很长，增加制造的困难程度。

　　平键连接的特点是：装拆方便，零件对中性好，容易制造，工作可靠，多用于高精度连接。但只能进行圆周方向固定，不能承受轴向力。

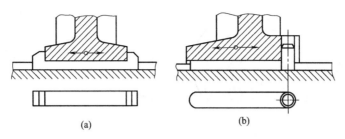

图 3-5　滑键连接

（2）半圆键连接

半圆键连接如图 3-6 所示，轴槽用与半圆键形状相同的铣刀加工，键能在槽中绕几何中心摆动，键的侧面为工作面，工作时靠其侧面的挤压来传递转矩。

半圆键连接的特点是工艺性好，装配方便，尤其适用于锥形轴与轮毂的连接；缺点是轴槽对轴的强度削弱较大，只适用于轻载连接。

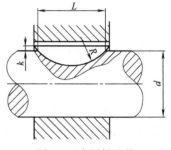

图 3-6　半圆键连接

（3）楔键连接

楔键连接靠键的上、下表面与轮毂孔及轴槽之间的楔紧产生的摩擦力传递转矩，并可传递小部分单向轴向力。分为普通楔键和钩头楔键，如图 3-7 所示，普通楔键也有圆头、方头及单圆头三种。上、下面为工作表面，斜度为 1：100（侧面有间隙）。

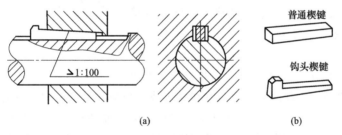

图 3-7　楔键连接

特点：适用于低速轻载、精度要求不高的场合。这种连接对中性较差，有偏心，不宜进行高速和精度要求高的连接，变载下易松动。钩头只用于轴端连接，如在中间使用，则键槽应比键长 2 倍才能装入。

（4）切向键连接

切向键连接是由两个斜度为 1：100 的楔键组成，靠工作面与轴及轮毂相互挤压来传递转矩，如图 3-8 所示。切向键的上、下两面为工作面，布置在圆周的切向。一个切向键连接

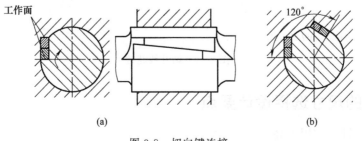

图 3-8　切向键连接

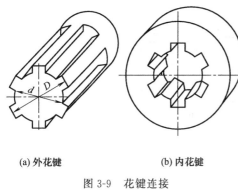

(a) 外花键　　　　(b) 内花键

图 3-9　花键连接

只能单向传动。如果要求双向传动时，必须用两个切向键且成 120°布置，使不至于严重削弱轴与轮毂的强度。因为键槽对轴强度削弱较大，因此切向键适用于对中要求不高的直径 d >100mm 的轴。

（5）花键连接

轴和轮毂孔周向均布的多个键齿构成的连接，称为花键连接。如图 3-9（a）所示为外花键，图3-9（b）所示为内花键。齿的侧面为工作面。由于是多齿传递载荷，所以花键连接比平键连接的承载能力高，对轴的削弱程度小，定心和导向性能好。它适用于定心精度要求高、载荷大或经常滑移的连接。按齿形的不同，花键连接可分为矩形花键连接（图 3-10）和渐开线花键连接（图 3-11）。

① 矩形花键　矩形花键制造容易、应用广泛，按齿高的不同分轻、中两个系列，已标准化。其定心方式新标准规定为内径定心，即外花键和内花键的小径为配合面。制造时，轴和轮毂上的结合面都要经过磨削，定心精度高，定心稳定性好，表面硬度高于 40HRC。目前生产中，还有按旧标准生产的用外径定心和侧面定心的矩形花键连接。外径定心时，轴、孔加工简单，孔可拉削，但硬度过高就会导致拉不动，所以一般用于硬度小于 40HRC 的情况。侧面定心精度不高，载荷分布均匀，承载能力高，零件易移动，侧面易磨损，使对中性变坏，适于定心要求不高的重载连接（静连接）。

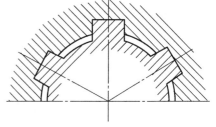

图 3-10　矩形花键连接

② 渐开线花键　齿廓为渐开线，分度圆压力角有 $\alpha=30°$ 和 $\alpha=45°$ 两种，后者也称细齿渐开线花键或三角形花键，齿顶高分为 $0.5m$ 和 $0.4m$ 两种（m 为模数），可用齿轮机床进行加工，工艺性能好，制造精度高，齿根圆角大，应力集中小，易于定心。但加工花键孔用渐开线拉刀制造复杂，成本高，适宜于传递大转矩、大直径的轴。渐开线花键为齿形定心，当齿受力时，齿根的径向力能起到自动定心的作用。

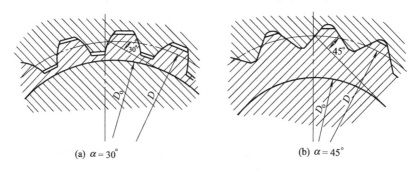

(a) $\alpha=30°$　　　　　　　　(b) $\alpha=45°$

图 3-11　渐开线花键

3.2.2　键的尺寸选择设计要点

（1）钩头斜键不宜用于高速

钩头斜键打入后，使轴上零件对轴产生偏心，高速零件离心力较大而产生振动。外伸钩头容易引起安全事故，高速下更危险。

（2）平键加紧定螺钉引起轴上零件偏心

用平键连接的轴上零件，当要求固定其轴向位置时，需附加轴向固定装置。如安装一紧定螺钉，顶在平键上面，虽可固定其轴向位置，但会使轴上零件产生偏心。此时，轴上零件的轴向固定可以采用螺母等其他形式，如图 3-12 所示。

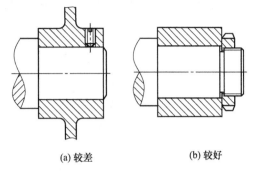

(a) 较差　　　　　(b) 较好

图 3-12　零件的轴向固定采用螺母

（3）按照平键和半圆键的新国标，键断面尺寸与轴直径无关

按 1979 年发布，1990 年确认的平键、半圆键国家标准，键的宽度 b、高度 h 由所在轴的直径确定。而按照 2003～2004 年公布的有关平键和半圆键的新国标，不再推荐按轴直径确定键断面尺寸，键的宽度 b、高度 h 按实际需要选择，给设计者更大的选择余地。有些手册为了设计者的方便仍把 1979 年国家标准的有关轴直径尺寸列入，作为参考值。

（4）轴上两个平键，如果能够满足传力要求，键的截面应该取相同尺寸

轴上不同轴段上的两个平键（或半圆键），如果能够满足传递力矩的要求，按新的国家标准，应该选用统一的宽度和高度 h，以便加工和测量。

3.3　被连接轴和轮毂的结构设计要点

（1）键槽长度设计

阶梯轴的两段连接处有较大的应力集中。如图 3-13 所示，如果轴上键槽也达到轴的过渡圆角部位，则由于键槽终止处也有较大的应力集中，使两种应力集中源重叠起来，对轴的强度不利。

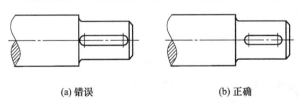

(a) 错误　　　　　(b) 正确

图 3-13　键槽长度不宜开到轴的阶梯部位

（2）键槽不要开在零件的薄弱部位

如图 3-14 所示，轮毂或轴上开键槽后，其强度即被削弱，因此应避免在轮毂很薄、距轴上零件薄弱部位（如齿轮的齿根，零件上的螺钉孔、销钉孔等）很近的地方开键槽。

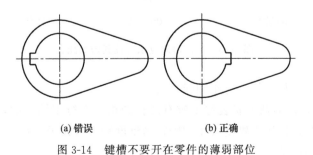

(a) 错误　　　　　(b) 正确

图 3-14　键槽不要开在零件的薄弱部位

（3）键槽底部圆角半径应该够大

如图 3-15 所示，键槽底部的圆角半径，对应力集中系数影响很大。键槽底部的应力由两种原因引起：一是由轴所受的转矩；二是由于键打入键槽时，如果配合很紧，就会在键槽根部引起较大的应力。而上述二者联合作用，再加键槽根部应力集中的影响，对轴强度影响很大。根据资料的数据，r/d 应大于 0.03，至少应大于 0.015（d—轴直径）。

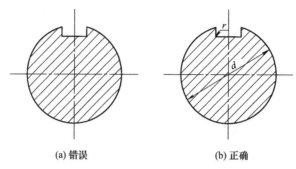

(a) 错误　　　　　　　　　(b) 正确

图 3-15　键槽底部圆角半径应该够大

（4）使用键连接的轮毂应该有足够的厚度

键槽与轮毂外缘应该有一定的距离，以免轮毂因受力过大而损坏。建议轮毂厚度可以参考表 3-1 选取。

表 3-1　使用键连接的轮毂厚度　　　　　　　　mm

轴直径 d		20	60	100	140	180	220	260
轮毂外径 D	钢轮毂	30	86	140	190	235	285	335
	铸铁轮毂	34	90	145	195	245	295	345

（5）平键两侧应该有较紧密的配合

如图 3-16 所示，平键的两侧应该与轴和轮毂的键槽有较紧密的配合，当受冲击较大时，配合应更紧些。键的顶面与键槽底面应有 0.2～0.4mm 的间隙。如能按国家标准确定键和键槽的尺寸和公差，则能保证以上要求。

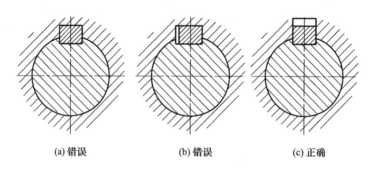

(a) 错误　　　　　　(b) 错误　　　　　　(c) 正确

图 3-16　平键两侧应该有较紧密的配合

（6）锥形轴用平键尽可能平行于轴线

如图 3-17 所示，锥形轴上安装的平键有两种结构，平行于轴线的，键槽加工方便，但键两端嵌入高度不同，适用于锥度较小的轴；当锥度较大（大于 1∶10）或键较长时，宜采用键槽平行于轴表面的结构。

（7）花键轴端部强度应予以特别注意

如图 3-18 所示，花键连接的轴上零件，由 B 至 A，轴所受扭矩逐渐加大，在 $A—A$ 断面不但所受扭矩最大，还有花键根部的弯曲应力，因此这一断面的强度必须满足要求，为此可以把花键小径加大到比轴直径大 $15\%\sim20\%$。

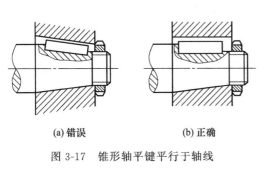

(a) 错误   (b) 正确

图 3-17　锥形轴平键平行于轴线

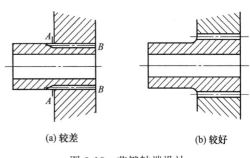

(a) 较差   (b) 较好

图 3-18　花键轴端设计

（8）注意轮毂的刚度分布不要使转矩只由部分花键传递

如图 3-19 所示，当轮毂刚度分布不同时，花键各部分受力也不同，应适当设计轮毂刚度，使花键齿面沿整个长度均匀受力；原结构（左）的右部轮毂刚度很小，主要由左部花键传力，不合理。

（9）有冲击和振动的场合，斜键应有防脱出的装置

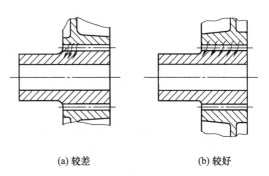

(a) 较差   (b) 较好

图 3-19　轮毂的刚度分布

由于斜键有 $1:100$ 的斜度，如图 3-20 (a) 所示，在冲击振动作用下，由键槽中脱出。某重型设备中，由于未能及时发现斜键脱出而发生严重事故。此种情况下应有防止斜键在键槽内由轴向滑出的装置，如图 3-20 (b) 所示，此装置应有足够的强度和可靠性。

（10）用盘铣刀加工键槽，刀具寿命比用指状铣刀长

如图 3-21 所示，盘铣刀的强度高于圆柱形的指状铣刀，不但刀具寿命长，而且可以承受较大的切削力，提高加工速度，因此可以用盘铣刀代替指状铣刀加工键槽。当轴的强度较高时，可以用半圆键代替平键。

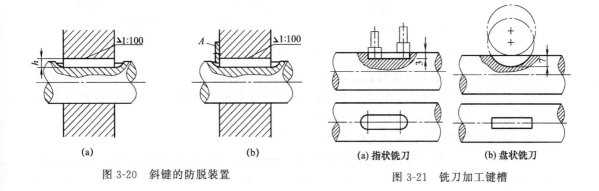

(a)   (b)   (a) 指状铣刀   (b) 盘状铣刀

图 3-20　斜键的防脱装置   图 3-21　铣刀加工键槽

3.4 键的合理布置要点

(1) 轴上用平键分别固定两个零件时,键槽应在同一母线上

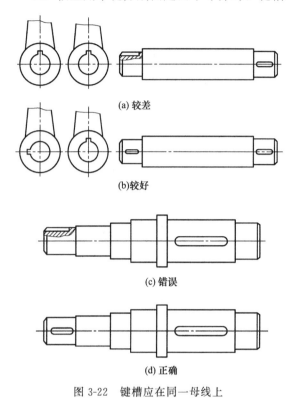

(a) 较差

(b) 较好

(c) 错误

(d) 正确

图 3-22 键槽应在同一母线上

在一根轴上,用平键分别固定两个零件时,要在轴上开两个键槽,为了铣制键槽时加工方便,键槽应布置在同一母线上,如图 3-22 (a)、(b) 所示。如轴上两零件要求错开某一角度,则以零件上键槽位置来确定轴上零件位置为好,轴上键槽仍应在同一母线上,如图 3-22 (c)、(d) 所示。

(2) 一面开键槽的长轴容易弯曲

如图 3-23 所示,轴如果只有一面开键槽,而且轴很长,则在加工时,由于轴结构的不对称性容易产生弯曲。如果在相距 180° 处对称地再开一同样大小的键槽,则轴的变形可以减轻。

(3) 有几个零件串在轴上时,不宜分别用键连接

如图 3-24 所示,如果一个轴上有几个零件孔径相同,与轴连接时,不应用几个键分段连接,因为各键方向不完全一致,使安装时推入轴上零件困难,甚至不可能安装;宜采用一个连通的键。

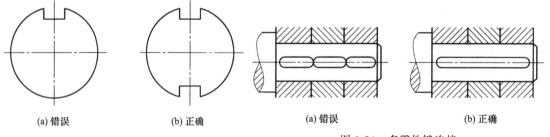

(a) 错误   (b) 正确

图 3-23 一面开键槽的长轴容易弯曲

(a) 错误   (b) 正确

图 3-24 多零件键连接

(4) 当一个轴上零件用两个平键时,要求较高的加工精度

如图 3-25 所示,轴上零件与轴如采用平键连接传递转矩,当因转矩较大必须用双键时,两键应位于一个直径的两端(即相差 180°),以保证受力的对称性。为保证两键均匀受力,键和键槽的位置和尺寸都必须有较高的精度。

(5) 采用两个斜键时要布置为相距 90°~120°

如图 3-26 所示,同一零件如采用两个斜键与轴连接,不可将两个斜键布置为相距 180°,因为这样布置能传递的转矩与采用一个键时相同;布置为相距 90°~120° 效果最好,如果两

键布置为相距小于 90°，虽对传递转矩有利，但是因为键槽相距太近，使轴强度降低较多。

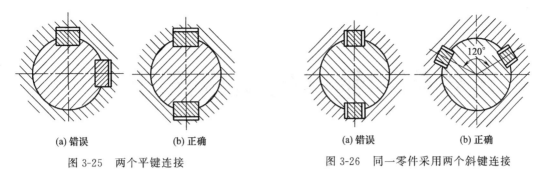

<table>
<tr><td>(a) 错误</td><td>(b) 正确</td><td>(a) 错误</td><td>(b) 正确</td></tr>
</table>

   图 3-25　两个平键连接   图 3-26　同一零件采用两个斜键连接

（6）用两个半圆键时，应布置在轴向同一母线上

两个半圆键不宜布置在同一剖面内，因为半圆键是靠侧面传力的，如在一个剖面内布置则应相距 180°，如图 3-27（a）所示。但由于半圆键键槽较深，如布置在同一剖面内，对轴的强度削弱严重。由于半圆键长度较短，可在同一母线上沿轴向安排两个键，如图 3-27（b）所示。

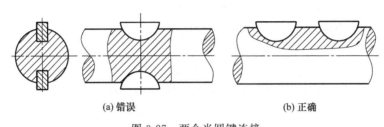

     (a) 错误   (b) 正确

图 3-27　两个半圆键连接

3.5　考虑装拆的设计要点

在装配时，先把键放入轴上键槽中，再沿轴向安装轴上零件（如齿轮）。如图 3-28（a）所示，采用平头平键（B 型）时，若轮毂上键槽与轴上的键对中有偏差，则压入轮毂产生困难，甚至发生压坏轮毂的情况。如图 3-28（b）所示，采用圆头平键（A 型）则可以自动调整，顺利压入。如图 3-28（b）所示轴端有 10° 的锥度，起引导作用，装配更方便，特别适用于过盈配合的轴与孔。

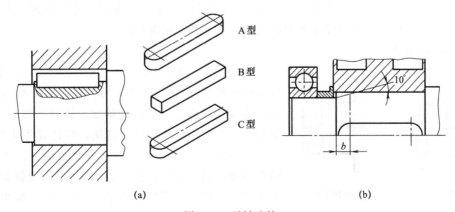

     (a)   (b)

图 3-28　平键连接

第 **4** 章

定位销和销连接结构设计

4.1 概述

常用的销钉有圆柱销和圆锥销，圆柱销有两种：不淬硬钢圆柱销和奥氏体不锈钢圆柱销（GB/T 119.1—2000），公称直径为 0.6～50mm，公差为 m6 或 h8；淬硬钢和马氏体不锈钢圆柱销（GB/T 119.2—2000），公称直径为 1～20mm，公差为 m6，分为 A 型（普通淬火）和 B 型（表面淬火）。圆锥销有 1：50 的锥度，拆装比较方便。

为了定位准确，销孔都需要铰制，圆锥销定位精度较高。

对于在加工、装配、实用和维修过程中，需要多次装拆且能准确地保持相互位置的零件，采用定位销来确定零件的相互位置。因此要求定位销定位准确，装拆方便。

销钉也可以用于传递力或转矩，如蜗轮的铜合金轮缘与铸铁轮心用螺栓连接，还可以装两个销钉作为定位元件和辅助的传力手段，帮助螺栓传递转矩。

设计时应注意使销钉定位有效，装拆方便，受力合理。还应注意不要因为在零件上有销钉孔而使零件强度严重削弱，导致断裂失效。

为了装拆方便，还有弹性圆柱销（GB/T 13829.1～GB/T 13829.9 多种结构形式），可以多次装拆，但定位精度较差。槽销上有三条纵向沟槽，销孔不必铰制，不易松脱，用于有振动和冲击的场合。

此外销轴（GB/T 882—2008）和无头销轴（GB/T 880—2008）可以做短轴或铰链用。

4.2 销的型式和尺寸选择设计要点

销主要用作装配定位，也可用来连接或固定零件，还可作为安全装置中的过载剪断元件。销的类型、尺寸、材料和热处理以及技术要求都有标准规定。

（1）按用途分

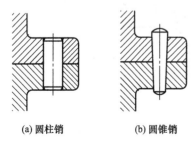

(a) 圆柱销　　　(b) 圆锥销

图 4-1　定位销

按用途分，销可分为定位销、连接销、安全销。定位销主要用于固定零件间的位置，不受载荷或受很小的载荷，其直径可按结构确定，数目不得少于两个，如图 4-1 所示。连接销用于连接，可传递不大的载荷，其直径可根据连接的结构特点按经验确定，必要时再验算强度，如图 4-2 所示。安全销可作安全保护装置中的剪断元件，如用在剪销安全离合器中的销，见图 4-3。

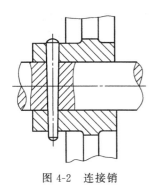

图 4-2　连接销

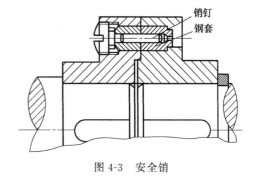

图 4-3　安全销

（2）按形状分

按形状分，销可为圆柱销、圆锥销、带螺纹锥销、开尾圆锥销、槽销、弹性圆柱销、开口销等。

① 圆柱销。如图 4-1（a）所示为圆柱销。圆柱销利用微量过盈固定在铰光的销孔中，不能多次装拆，否则定位精度下降。

② 圆锥销。如图 4-1（b）所示为圆锥销。圆锥销锥度为 1∶50，可自锁，靠锥挤作用固定在铰光的销孔中，定位精度较高，便于拆卸且允许多次装拆。

③ 带螺纹锥销。如图 4-4 所示为带螺纹锥销：大端带螺纹的锥销［图（a）、（b）］可用于没有开通或拆卸困难的场合；小端带螺纹的锥销［图（c）］用于冲击、振动或变载的场合，防止销松脱。

④ 开尾圆锥销。如图 4-5 所示为开尾圆锥销，也适用于冲击、振动或变载的场合，其开尾部分可防止销松脱。

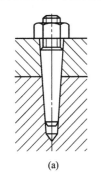

(a)　　　　　(b)

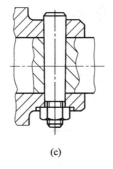

(c)

图 4-4　带螺纹的圆锥销

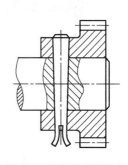

图 4-5　带螺纹的圆锥销

⑤ 槽销。如图 4-6（a）所示为槽销。槽销不需要铰孔，当销钉被打入时，在制造销钉时从槽中压出的材料作相反方向的变形。这样就产生高的局部压力，使销钉稳固地固定在孔中。图 4-6（b）中，细线为打入前，粗线为打入后。槽销可重复拆装，主要用来传递载荷。

⑥ 弹性圆柱销。如图 4-7 所示为弹性圆柱销。弹性圆柱销由带钢料卷成，并经

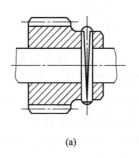
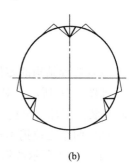

(a)　　　　　(b)

图 4-6　槽销

淬火，比实心销轻，销孔无需铰光。由于弹性大，这种销钉可在较大的公差范围内装入孔中，甚至在冲击载荷下接合能力仍然很高，而且在多次拆装后还可保持销钉与孔之间的接合。

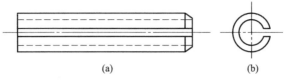

图 4-7　弹性圆柱销

⑦ 开口销。如图 4-8（a）所示为开口销。装配时将开口销末端分开并弯折，以防脱落，除与销轴配用外，还常用于螺纹连接的防松装置中，如图 4-8（b）所示。

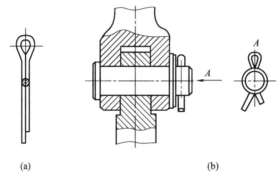

(a)　　　　　　　　　　　　　(b)

图 4-8　开口销

4.3　销的合理布置要点

（1）两定位销之间距离应尽可能远

为了确定零件的位置，常要用两个定位销。如图 4-9 所示，这两个定位销在零件上的位置，应尽可能采取距离较大的布置方案，这样可以获得较高的定位精度。

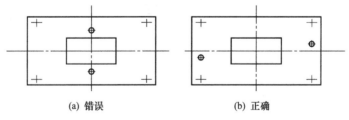

(a) 错误　　　　　　　　　(b) 正确

图 4-9　两定位销之间的距离应尽可能远

（2）对称结构的零件，定位销不宜布置在对称的位置

如图 4-10 所示，对称结构的零件，为保持与其他零件的准确的相对位置，不允许翻转180°安装。因此定位销不宜布置在对称位置，以保证不会反转安装。

（3）两个定位销不宜布置在两个零件上

如图 4-11 所示的箱体由上下两半合成，用螺栓连接（图中未表示），侧盖固定在箱体侧面，不宜在上下箱体各布置一个定位销，一般以把定位销固定在下箱体比较好。

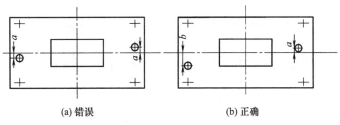

(a) 错误　　　　　　　　　　　　(b) 正确

图 4-10　定位销不宜布置在对称位置

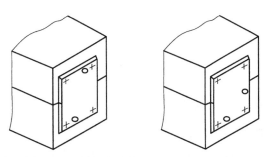

图 4-11　两个定位销不宜布置在两个零件上

4.4　销连接的设计要点

4.4.1　考虑加工的销孔设计要点

（1）定位销要垂直于结合面

如图 4-12 所示，定位销与结合面不垂直时，销钉的位置不易保持精确，定位效果较差，因此要保证定位销要垂直于结合面。

（2）相配零件的销钉孔要同时加工

如图 4-13 所示，对相配零件的销钉孔，一般采用配钻、铰的加工方法，以保证孔的精度和可靠的对中性；用划线定位分别加工的方法不能满足要求。

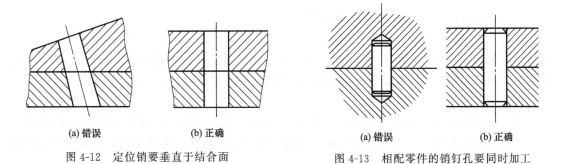

(a) 错误　　　　　　　　(b) 正确　　　　　　　　　(a) 错误　　　　　　　(b) 正确

图 4-12　定位销要垂直于结合面　　　　　　图 4-13　相配零件的销钉孔要同时加工

（3）淬火零件的销钉孔也应配作

如图 4-14 所示，淬火零件的销钉孔也必须配作；但由于淬火后不能配钻、铰，可以在淬火件上先作一个较大的孔（大于销钉直径），淬火后，在孔中装入由软钢制造的环形件 A，

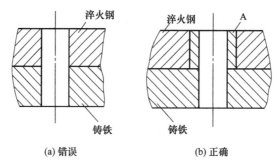

(a) 错误   (b) 正确

图 4-14　淬火零件的销钉孔应配作

此环与淬火钢件作过盈配合，再在件 A 孔中进行配钻、铰（配钻以前，件 A 的孔小于销钉直径）。

4.4.2　考虑装拆的销钉设计要点

（1）对不易观察的销钉装配要采用适当措施

如图 4-15 所示在底座上有两个销钉，上盖上面有两个销孔，装配时难以观察销孔的对中情况，装配困难；可以把两个销钉设计成不同长度，装配时依次装入，比较容易；也可以将销钉加长，端部有锥度以便对准。

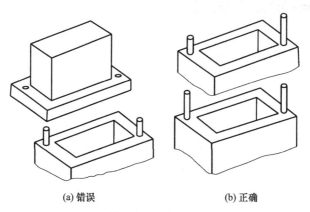

(a) 错误   (b) 正确

图 4-15　对不易观察的销钉装配采用适当措施

（2）安装定位销不应使零件拆卸困难

有时，安装定位销会妨碍零件拆卸。如图 4-16 所示，支持转子的滑动轴承轴瓦，只要把转子稍微吊起，转动轴瓦即可拆下；如果在轴瓦下部安装了防止轴瓦转动的定位销，则上述装拆方法不能使用，必须把轴完全吊起才能拆卸轴瓦（防转销还是必要的，请思考安放位置）。

（3）必须保证销钉容易拔出

销钉必须容易由销钉孔中拔出，如图 4-17 所示。取出销钉的方法有：把销钉孔做成通孔，采用带螺纹尾的销钉（有内螺纹和外螺纹）等。对不通孔，为避免孔中封入空气引起装拆困难，应该有通气孔。

4.4.3　考虑受力的销钉设计要点

（1）在过盈配合面上不宜装定位销

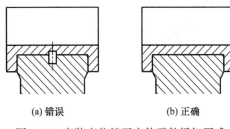

(a) 错误　　　　　(b) 正确

图 4-16　安装定位销不应使零件拆卸困难

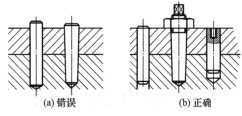

(a) 错误　　　　　(b) 正确

图 4-17　必须保证销钉容易拔出

如图 4-18 所示，在过盈配合面上，如果设置定位销，就会由于钻销孔而使配合面张力减小，从而减弱配合面的固定效果。

（2）用销钉传力时要避免产生不平衡力

如图 4-19 所示的销钉联轴器，用一个销钉传力时，销钉受力为 $F = T/r$，T 为所传转矩，此力对轴有弯曲作用；如果用一对销钉传力，每个销钉受力为 $F' = T/2r$，而且二力组成一个力偶，对轴无弯曲作用。

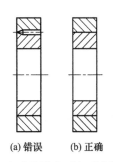

(a) 错误　　(b) 正确

图 4-18　在过盈配合面上不宜装定位销

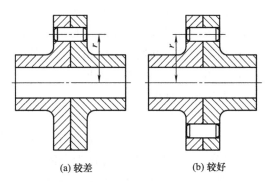

(a) 较差　　　　　(b) 较好

图 4-19　用销钉传力时要避免产生不平衡力

第 **5** 章

带传动结构设计

5.1 概述

带传动是通过中间挠性件（带）传递运动和动力的，适用于两轴中心距较大的场合。

（1）带传动的优点

① 因带具有弹性，运行平稳无噪声，能够承受冲击载荷并有缓冲作用。

② 过载时将引起带在带轮上打滑，因而可防止损坏其他零件。

③ 构造简单，制造、安装精度要求低。

④ 不用润滑，几乎不必维护。

⑤ 制造成本低廉。

（2）带传动的缺点

① 在要求中心距尽量小的情况下，带传动结构体积较大；传递同样大的圆周力时，带传动的外廓尺寸及轴上压力都比啮合传动大。

② 带与带轮的弹性滑动使传动比不准确，效率较低，寿命较短。

③ 不适合在高温、易燃的场合使用。有些带不适合在酸、碱等具有腐蚀性的环境下使用。

（3）带传动的类型

如图 5-1 所示，带传动是由主动带轮 1、从动带轮 2 和紧套在两带轮上的环形传动带 3 所组成。根据工作原理不同，带传动可以分为摩擦式带传动和啮合式带传动两种。如图 5-1（a）所示为摩擦式带传动，工作时，它是依靠传动带和带轮接触面间产生的摩擦力来传递运动和动力的。如图 5-1（b）所示为啮合式带传动，工作时，它是依靠传动带内侧凸齿和带轮轮齿间的啮合来传递运动和动力的，由于传动带与带轮间没有相对滑动，故又称为同步带传动。

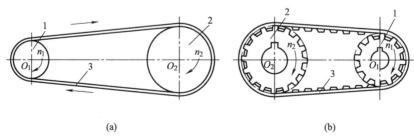

(a)   (b)

图 5-1　带传动

1—主动带轮；2—从动带轮；3—传动带

摩擦式带传动根据带的横截面形状不同，可分为平带、V带、多楔带、圆带四种类型，带的横截面形状如图 5-2 所示。常见带传动的特点及应用见表 5-1。

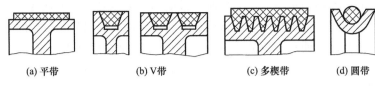

(a) 平带   (b) V带   (c) 多楔带   (d) 圆带

图 5-2　带的横截面形状

表 5-1　常用带传动的特点及其应用

类型	速度/(m/s)	功率/kW	传动比	特点与用途
平带传动 高速平带	≤30 ≤50	0.75~1500 <60	≤3~5 ≤6	靠带的环形内表面与带轮外表面压紧产生摩擦力。结构简单，带的挠性好，带轮容易制造，大多用于传动中心距较大的场合
V带传动	普通≤30 窄带≤40	<400 一般≤40	≤6	靠带的两侧面与轮槽侧面压紧产生摩擦力。与平带传动比较，V带传动的摩擦力大，故能传递较大功率，结构也较紧凑，且V带无接头，传动较平稳，因此应用最广
多楔带传动	≤40	<150	≤8	靠带和带轮间的楔面之间产生的摩擦力工作。兼有平带和V带的优点，柔性好、摩擦力大、能传递较大的功率，并解决了多根V带受力不均匀的问题。它主要用于传递功率大，且要求结构紧凑的场合。特别适合用于要求V带根数过多或带轮轴线垂直于地面的场合
圆带传动	2~15 一般 3~10		0.5~3	靠带与轮槽压紧产生的摩擦力传动，用于低速小功率传动。工作时，由于圆带与带轮间的摩擦力较小，故传递功率小。圆带传动只适用低速、轻载的机械
啮合带传动	同步齿形带 ≤50	<100	≤10	靠传动带内侧凸齿和带轮轮齿间的啮合来传递运动和动力

（4）带传动的形式

按带轮轴的相对位置和转动方向，带传动分为开口、交叉和半交叉三种传动形式，如图 5-3 所示。

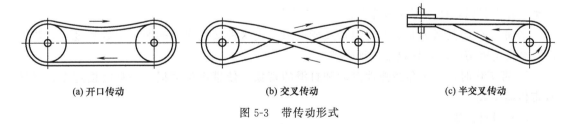

(a) 开口传动   (b) 交叉传动   (c) 半交叉传动

图 5-3　带传动形式

5.2　带传动型式选择要点

（1）带传动类型的选择要点

① 要求尺寸紧凑时宜采用 V 带或啮合带传动　由于 V 带的楔形接触增大了摩擦力，其尺寸比平带传动紧凑，而啮合带传动尺寸更小。

② 高速传动宜采用平带　由于 V 带本身重量较大，不宜用于高速传动，高速传动应采

用薄的平带。

③ 传动比要求准确的场合，应选择啮合带传动，不宜采用摩擦型传动带 摩擦型带传动是靠带与带轮间的摩擦力进行的。工作时，带受到拉力后要产生弹性变形，由于紧边和松边的拉力不同，因而弹性变形也不同，这样在传动过程中会引起带与带轮间的滑动，称为带的弹性滑动。弹性滑动将使从动轮的圆周速度 v_1 低于主动轮的圆周速度 v_1。另一方面，当所需传递的圆周力大于带与带轮间所能产生的最大摩擦力时，传动带将在带轮上产生显著的相对滑动，即产生打滑。此时，从动轮转速急剧降低，甚至传动失效。由于摩擦型带传动带的弹性滑动和可能出现的打滑，使得传动比不准确。因此，传动比要求准确的场合，应采用啮合带传动，而不是摩擦带传动。如内燃机曲轴和凸轮轴转速有传动比为 2 的严格要求，可用同步齿形带而不采用平带或 V 带。

④ V 带传动不宜只用 1 或 2 条 V 带 V 带传动常用 3～8 条 V 带组成，个别带损坏时，不会使传动中断，有保证安全的作用。1 或 2 条 V 带没有这一作用，而带数过多容易使各带受力严重不均，也是不合理的。

（2）带传动形式的选择要点

① 开口传动适用的情况 开口式传动中，两轴平行，带轮转向相同，可双向传动。平带、V 带、啮合带均可应用这种形式。

② 交叉传动适用的情况 交叉式带传动中，两轴平行，带轮转向相反，可双向传动，带受附加力矩作用，交叉处摩擦严重，适用于中心距 $a > 20b$（b 为带宽）的平带或圆形带传动，通常 $i_{12} \leqslant 6$。

③ 半交叉传动适用的情况 半交叉传动适用于空间两交错轴的传动，但只能用于 $v \leqslant 15\text{m/s}$，$i \leqslant 2.5$，较大的轴间距及单向传动的情况。

5.3 带传动设计及参数选择、布置要点

（1）带传动的失效形式

根据带的受力分析和应力分析可知，带传动的主要失效形式有如下几种：

① 带工作时，若所需的有效拉力 F 超过了带与带轮接触面间摩擦力的极限值，带将在主动带轮上打滑，使带不能传递动力而发生失效。

② 带工作时其横截面上的应力是交变应力，当这种交变应力的循环次数超过一定数值后，会发生疲劳破坏，导致带传动失效。

③ 带工作时，由于存在弹性滑动和打滑的现象，使带产生磨损，一旦磨损过度，将导致带传动失效。

（2）设计准则

由于带传动的主要失效形式是带在主动带轮上打滑、带的疲劳破坏和过度磨损，因此带传动的设计准则是：在保证带传动不打滑的条件下，使带具有一定的疲劳强度和使用寿命。

（3）带传动设计及参数选择要点

① 应合理选择带传动速度 当带传动传递功率 P 一定时，若其速度 v 很低，则要求的有效拉力 F 很大，使带的断面尺寸很大；若带速太高，则所受离心力很大，能传递的工作拉力很小，甚至没有传递工作拉力的余力。此外当速度很高时，带将发生振动，不能正常工作。带的质量较轻时可以达到较高的速度。带传动的最佳速度如图 5-4 所示。

② 合理选择带的预紧力　预紧力太小，带容易打滑；预紧力太大，会降低带的使用寿命，增加轴与轴承的受力，引起较大的变形。传动带的合力预紧力可取 $F_0 = (156.8 \sim 176.4)A$　N（A 为带的截面积，cm^2）。

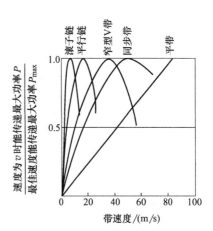

图 5-4　带传动的最佳速度

③ 适当选取带轮的基准直径　减小小带轮直径虽然可以加大带传动的传动比，但会使小带轮包角减小，传递功率一定时，要求的有效拉力 F 加大，容易打滑；而且减小小带轮直径使带所受弯曲应力加大，带寿命缩短。所以当大带轮直径一定时，小带轮的直径不宜过小，如图 5-5 所示。

④ 适当选取带轮中心距　带传动中心距一般大于齿轮传动，为求紧凑，常减小其中心距。但中心距小时，小轮包角随之亦减小，因此，带传动中心距在一定范围内为宜，如图 5-6 所示。

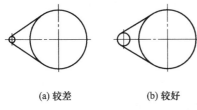

(a) 较差　　(b) 较好

图 5-5　适当选取小带轮直径

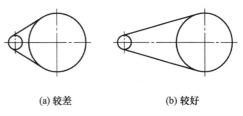

(a) 较差　　(b) 较好

图 5-6　适当选取中心距

⑤ V 带中心距应该能够调整　由于 V 带无接头，为保证安装，必须使两轮中心距比使用的中心距小，在装完后，再调整到正常的中心距。此外，由于长时间的使用，V 带周长会因疲劳而伸长，为了保持必要的张紧力，应根据需要调整中心距。如图 5-7 所示由电动机带动两个互相串联的压缩机 1、2，压缩机之间由管道 3 连接。如图 5-7（a）所示由于管道的限制，带传动张紧力不能调节；如图 5-7（b）所示 V 带张紧力可以调整，布置得较为合理。

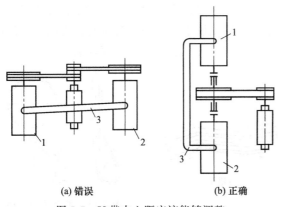

(a) 错误　　(b) 正确

图 5-7　V 带中心距应该能够调整

1,2—压缩机；3—管道

（4）带传动布置、安装要点

① 带传动的布置　在带传动中，带在小带轮上的包角小，所以小带轮能传递的动力受到限制。为了不减小带在小带轮上的包角，对于水平或接近于水平安装的带传动，应避免如图 5-8（a）所示紧边在上的情况，因为如果紧边在上，带在小带轮出口处就是渐远下垂的状态，包角就小。如果布置成如图 5-8（b）所示紧边在下的情况，带在小带轮的出口处就是渐近下垂的状态，包角就大。

对于上下布置或接近上下布置的带传动，为了不减小带在小带轮上的包角，应避免小带轮在下的情况。小带轮在下面时，如图 5-8（c）所示，小带轮一侧整体有下垂倾向，则包角较小，容易打滑；所以最好将小带轮布置在上方，如图 5-8（d）所示。

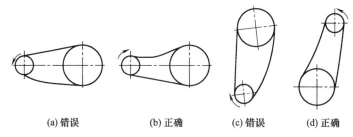

(a) 错误　　　　(b) 正确　　　　(c) 错误　　　　(d) 正确

图 5-8　带传动的布置

② 两轴平行度和带轮中心位置　当带轮两轴不平行或两轮中心平面不共面时，如图 5-9 所示，传动带将很快地由带轮上脱落。因此设计中应提出要求并保证其精度，或设计必要的调节机构。一般要求两轴平行度误差 θ 在 $20'$ 以内。

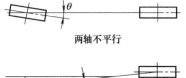

两轴不平行

中心平面不一致

图 5-9　带传动两轴不平行和中心平面不共面的示意图

对于同步带传动，两轮轴线不平行和中心平面偏斜对带的寿命将有更大的影响，因此安装精度要求更高。据试验及分析得知，若 $\theta=0$ 时同步带的寿命为 L_0，在 $\theta \leqslant 60'$ 时，带的寿命为 $L=L_0(1-\theta/75')$，因此要求 $\theta \leqslant 20' \times (25/b)$，$b$ 为带宽（mm）。

③ V 带传动安装时，两带轮轴线要平行　V 带传动安装时，两带轮的轴线必须平行，且两带轮轮槽应位于同一平面内，如图 5-10（a）所示；否则，将使传动带扭曲，如图 5-10（b）、（c）所示，加剧传动带磨损，甚至导致传动带从带轮上脱落。

④ 半交叉平带传动不能反转　如图 5-11 所示的两轴在空间交错成 90°的半交叉带传动中，为使带能正常运转，不脱落，必须保证带从带轮上脱下进入另一带轮时，带的中心线必须在要进入带轮的中心平面内，这种传动不能反转。必须反转时，一定要加装一个张紧轮。

(a) 正确　　　　　　(b) 错误　　　　　　(c) 错误

图 5-10　两带轮位置

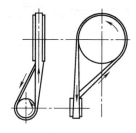

图 5-11　半交叉带传动

⑤ 带要容易更换　传动带的寿命通常较短，有时几个月就要更换。在 V 带传动中，同时有几条带一起工作时，如果有一条带损坏，就要全部更换。对于无接头的传动带最好设计成悬臂安装，且暴露在外，此时可加防护罩，拆下防护罩即可更换传动带，如图 5-12 所示。

⑥ 带轮不宜悬臂安装的情况　带过宽时，如带轮为悬臂安装，如图 5-13（a）所示，由于轴端弯曲变形较大，带轮歪斜，沿宽度带受力不均；应改为两端支承，如图 5-13（b）所示。图 5-14（a）所示的带传动中，曲轴端轴承的外部有悬伸的带轮，曲轴承受复杂且很大的反复弯曲；除非在强度上有很大的余裕，否则最好是安装外侧轴承，以防止产生弯曲引起

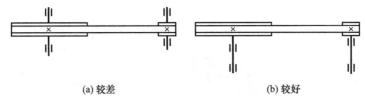

图 5-12 带传动中带要容易更换

的二次载荷，如图 5-14（b）所示。

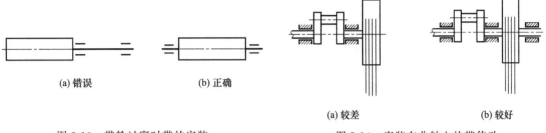

图 5-13 带轮过宽时带的安装   图 5-14 安装在曲轴上的带传动

5.4 带传动的结构设计要点

5.4.1 带与带轮结构

（1）V 带的材料及结构

① 结构 V 带分为帘布结构和线绳结构两种，其区别在于抗拉体不同，如图 5-15 所示。抗拉材料为化学纤维织物，是承受载荷的主体。帘布结构中抗拉体是胶帘布，制造方便；线绳结构中抗拉体是胶线绳，柔韧性好，弯曲强度高，寿命长。顶胶和底胶由胶料制成，当 V 带弯曲时，顶胶伸长，底胶缩短。包布层由胶帆布制成。

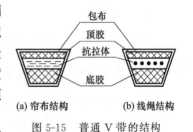

图 5-15 普通 V 带的结构

② 型号 普通 V 带有 Y、Z、A、B、C、D 和 E 7 种型号，最常用的是 A 型和 B 型。窄 V 带有 SPZ、SPA、SPB 和 SPC 4 种型号。

（2）带轮结构

① 组成 轮缘——用以安装传动带的部分；轮毂——与轴接触配合的部分；轮辐或腹板——用以连接轮缘和轮毂的部分。

② 设计要求 设计带轮时，应使其结构便于制造，重量轻，材质分布均匀，并避免由于铸造产生过大的应力。$v>5m/s$ 时要进行静平衡，$v>25m/s$ 时则应进行动平衡。轮槽工作表面应光滑，以减少 V 带的磨损。

③ 材料 带轮材料常采用灰铸铁、钢、铝合金或工程塑料等。灰铸铁应用最广，当 $v\leqslant 30m/s$ 时用 HT150 或 HT200；高速时宜使用钢制带轮，速度可达 45m/s；小功率时可用铸铝或塑料。汽车、农业机械的辅助传动常用钢板冲压带轮或旋压带轮。

④ 结构 带轮按结构不同分为实心式、腹板式、孔板式和辐条式，如图 5-16 所示。

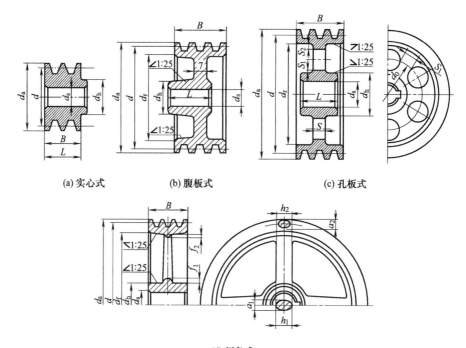

(a) 实心式　　　　(b) 腹板式　　　　(c) 孔板式

(d) 辐条式

图 5-16　带轮的结构

$d_r=(1.5\sim2)d_0$，$L=(1.5\sim2)d_0$，d_0 为轴颈直径。S 为腹板厚度，其值可查机械设计手册。

$S_1\geqslant1.5S'$，$S_2\geqslant0.5S'$。$h_1=290\sqrt[3]{\dfrac{P}{nA}}$，$P$ 为传递的功率，kW；n 为带轮转速，

r/min；A 为轮辐数。$h_2=0.8h_1$，$a_1=0.4h_1$，$a_2=0.4a_1$。$f_1=0.2h_1$，$f_2=0.2h_2$

带轮直径较小时 $[d\leqslant(2.5\sim3)d_s$，d_s 为轴颈]，常用实心式机构；在 $d\leqslant300$mm 范围内可采用腹板式结构；当 $d_r-d_h\geqslant100$mm 时，为了便于吊装和减轻质量，可采用孔板式；$d\geqslant300$mm 的大带轮一般采用辐条式结构。

5.4.2　带与带轮结构设计要点

(1) 安装时 V 带型号不能搞错

V 带传动安装时应注意传动带型号不要搞错，以保证 V 带顶面与带轮顶面基本沿一直线，使传动带工作面与轮槽工作面有良好的接触，如图 5-17（a）所示。如果 V 带型号搞错

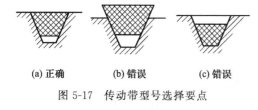

(a) 正确　(b) 错误　(c) 错误

图 5-17　传动带型号选择要点

可能出现以下两种情况：V 带高出轮槽，传动带与轮槽接触面积减小，如图 5-17（b）所示，使传动能力降低；若传动带陷入轮槽太深，使传动带底面与轮槽底面接触，如图 5-17（c）所示，这样传动带侧面与轮槽侧面就不能很好接触，失去了 V 带传动摩擦力大的优点。

(2) 平带传动的小带轮结构设计要点

① 小带轮的微凸结构　为使平带在工作时能稳定地处于带轮宽度中间而不滑落，应将小带轮做成中凸结构，如图 5-18 所示。中凸的小带轮有使平带自动居中的作用。若小带轮直径 $d=40\sim112$mm，取中间凸起高度 $h=0.3$mm；当 $d>112$mm 时取 $h/d=0.003\sim0.001$，d/b 值大的 h/d 取小值，其中 b 为小带轮宽度，一般 $d/b=3\sim8$。

② 小带轮的开槽结构　带速 $v>30\text{m/s}$ 为高速带，一般采用特殊的轻而强度大的纤维编制而成。为防止带与带轮之间形成气垫，应在小带轮轮缘表面开设环槽，如图 5-19 所示。

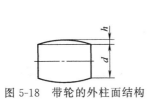

图 5-18　带轮的外柱面结构

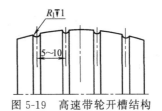

图 5-19　高速带轮开槽结构

（3）锻造带轮宜通过镦粗制坯

锻造带轮即使形状简单，也不宜将坯料直接终锻成形，而必须通过镦粗制坯。这是因为毛坯表面有氧化皮，镦粗时容易去除。因此，必须通过镦粗去除氧化皮，以提高锻件的表面质量和模具的使用寿命。对于形状复杂的带轮，通过镦粗制坯，还可以避免终锻时产生折叠。

（4）轮毂锻件制坯时要点

① 轮毂较矮的锻件，终锻前毛坯直径应在轮缘内径与外径之间　轮毂较矮的锻件，为了防止终锻时在轮毂和轮缘间的过渡区产生折叠，镦粗后毛坯的直径 D 不能小于轮缘内径 D_2，也不能大于轮缘外径 D_1，应在两者之间，如图 5-20 所示。

② 轮毂较高的锻件，终锻前毛坯直径不应小于轮缘内外径之和的 1/2　轮毂较高且有内孔的凸缘锻件，为了保证轮毂充填成形和防止产生折叠，镦粗后的毛坯直径不能小于轮缘内外径之和的 1/2，亦不能大于轮缘外径，应使镦粗后的直径符合 $D_1>D>(D_1+D_2)/2$，如图 5-21 所示。

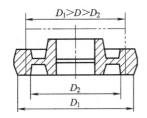

图 5-20　轮毂较矮的带轮锻件

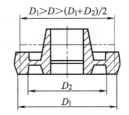

图 5-21　轮毂较高的带轮锻件

③ 轮毂高且有内孔的锻件宜采用成形镦粗制坯　轮毂高且有内孔的锻件，如图 5-22（a）所示，为了保证终锻时充满型槽和便于毛坯在终锻型槽内放置平稳，不宜用镦粗制坯，应改为成形镦粗制坯。成形镦粗后的毛坯尺寸见图 5-22（b），应符合 $H_1'>H_1$、$D_1'>D_1$、$d_1'>d_1$。

（5）铸造带轮结构设计应考虑热处理工艺性

后续须进行热处理的铸造带轮，如图 5-23（a）所示，要避免尖角、尖棱，应采用倒角和圆角，且尺寸尽可能大些；或者采用如图 5-23（b）所示结构，改为倾斜腹板式，正火后才能避免裂纹。

（6）V 带轮轮槽结构

普通 V 带楔角如图 5-24 所示，通常 φ 为 40°，带绕过带轮时由于产生横向变形，使得楔角变小。为使带轮的轮槽工作面和 V 带两侧面接触良好，带轮槽角 φ 取 32°、34°、36°、及 38°，带轮直径越小，槽角取值越小。

（7）同步带轮的结构设计要点

① 同步带轮应有挡圈　同步带轮分为无挡圈、单边挡圈和双边挡圈 3 种结构形式，如图 5-25 所示。同步带在运转时，有轻度的侧向推力。为了避免带的滑落，应按具体条件考

虑在带轮侧面安装挡圈，不装挡圈的结构尽量不采用。

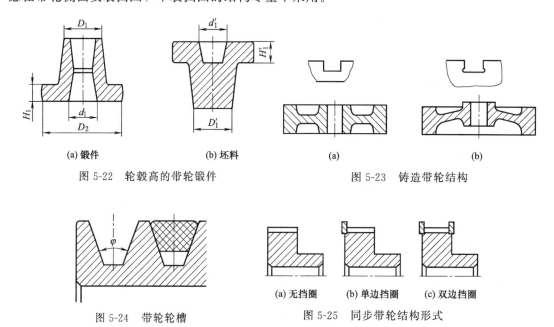

(a) 锻件　　　　　(b) 坯料

图 5-22　轮毂高的带轮锻件

(a)　　　　　　　(b)

图 5-23　铸造带轮结构

图 5-24　带轮轮槽

(a) 无挡圈　(b) 单边挡圈　(c) 双边挡圈

图 5-25　同步带轮结构形式

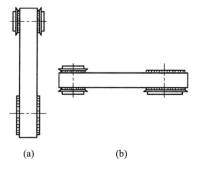

(a)　　　　(b)

图 5-26　同步带轮挡边结构

挡圈的安装建议为：在两轴传动中，两个带轮中必须有一个带轮两侧装有挡圈，如图 5-26 (a) 所示，或两轮的不同侧面各装有一个挡圈；当中心距较大时，或带轮的轴线与水平面垂直安装时，两带轮的两侧均有挡圈，或至少主动轮的两侧和从动轮的下侧应有挡圈，如图 5-26 (b) 所示。当中心距超过小带轮直径的 8 倍以上时，由于带不易张紧，两个带轮的两侧均应装有挡圈。

② 同步带齿顶和轮齿顶部的圆角半径　同步带的齿和带轮的齿属于非共轭齿廓啮合，所以在啮合过程中两者的顶部都会发生干涉和撞击，因而导致带齿顶部产生磨损。适当加大带齿顶部和轮齿顶部的圆角半径，如图 5-27 所示，可以减少干涉和磨损，延长带的寿命。

③ 同步带轮外径的偏差　同步带外径为正偏差，可以增大带轮节距，消除由于多边效应和在拉力作用下带伸长变形所产生的带的节距大于带轮节距的影响。实践证明，在一定范围内，带轮外径正偏差较大时，同步带的疲劳寿命较长。

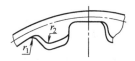

图 5-27　带齿顶部和轮齿顶部的圆角半径

5.5　带传动的张紧设计要点

5.5.1　带传动的张紧

带传动不仅安装时必须把带张紧在带轮上，而且当带工作一段时间后，因永久伸长松弛时，还应将带重新张紧。

（1）定期张紧装置

带传动常用的张紧方法是调节中心距。图 5-28（a）所示为一移动定期张紧装置，将装有带轮的电动机安装在滑轨 1 上，需调节带的拉力时，松开螺母 2，旋转调节螺钉 3，改变电动机位置，然后重新固定；这种装置适合两轴处水平或倾斜不大的传动。图 5-28（b）所示为摆动式定期张紧装置，将装有带轮的电动机固定在摆动架上，通过调节螺杆使摆动架绕一定轴旋转，从而使带张紧；这种装置适合垂直或接近垂直的带传动。

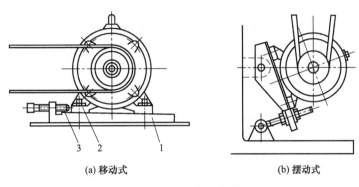

(a) 移动式　　　　　　　　　　　(b) 摆动式

图 5-28　带的定期张紧装置

1—滑轨；2—螺母；3—调节螺钉

（2）自动张紧装置

自动张紧装置常用于中小功率的带传动。图 5-29 所示是将装有带轮的电动机安装在摆动架上，该摆动架可利用电动机和摆架的重量自动保持带具有一定张紧力的状态。

（3）使用张紧轮的张紧装置

当带轮中心距不能调节时，可使用张紧轮把带张紧，如图 5-30 所示。

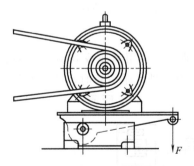

图 5-29　电动机的自动张紧装置

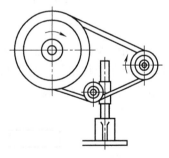

图 5-30　张紧轮装置

5.5.2　带传动的张紧设计要点

（1）使用张紧轮的张紧装置

① V 带、平带的张紧轮装置　V 带、平带的张紧轮一般应安装在松边内侧，使带只受单向弯曲，以减少寿命的损失；同时张紧轮还应尽量靠近大带轮，以减少对小带轮包角的影响，如图 5-31 所示。张紧轮的使用会降低带轮的传动能力，在设计时应适当考虑。

② 增大小带轮包角的压紧轮　以增加小轮包角为目的的压紧轮，应安装在松边、靠近小带轮的外侧，如图 5-32 所示。

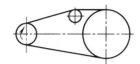

图 5-31　张紧轮安装位置

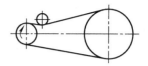

图 5-32　压紧轮安装位置

③ V 带传动中心距不能修正的张紧轮装置　在 V 带传动中，也有任何一个带轮的轴心都不能移动的情况。此时，使用一定长度的 V 带，其长度要使 V 带能在处于固定位置的带轮之间装卸；在装挂完后，可用张紧轮将其张紧到运转状态。该张紧轮要能在张紧力的调节范围内调整，也包括对使用后 V 带伸长的调整，如图 5-33 所示。

④ 同步带的张紧轮装置　同步带使用张紧轮会使带心材料的弯曲疲劳强度降低，因此，原则上不使用张紧轮，只有在中心距不可调整且小带轮齿数小于规定齿数时才可使用。使用时要采用浅角使用，并安装在松边内侧，如图 5-34（a）所示。但是，在小带轮啮合齿数小于规定齿数时，为防止跳齿，应将张紧轮安装在松边、靠近小带轮的外侧，如图 5-34（b）所示。

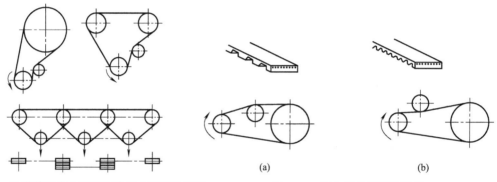

图 5-33　V 带传动中心距不能修正的张紧轮装置

图 5-34　同步带的张紧轮装置

（2）定期张紧装置

定期张紧时，要注意在保持两轴平行的状态下进行移动。在利用滑座或其他方法调整时，要能在施加张紧力的状态下平行移动。例如，在带轮较宽、外伸轴较长时，需要安装外侧轴承，并将该轴承装在共有的底座上，调整时使底座滑动，如图 5-35 所示。

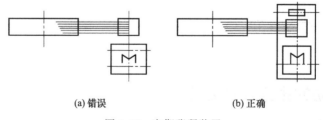

(a) 错误　　　　　　　　　(b) 正确

图 5-35　定期张紧装置

（3）自动张紧装置

① 自动张紧的辅助装置　有些带传动靠一些传动件的自重产生张紧力。如图 5-36（a）所示，把小带轮和电动机固定在一块板上，将板用铰链固定在机架上，靠电动机和小带轮的自重在带中产生张紧力。但当传动功率过大或启动力矩过大时，传动带将板上提，上提力超

过其自重时，会产生振动或冲击。这种情况下，可在板上加辅助装置，以消除板的振动，如图 5-36（b）所示。

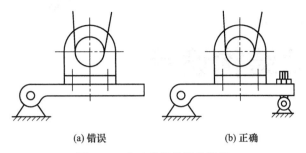

(a) 错误   (b) 正确

图 5-36　自动张紧的辅助装置

② 高速带传动不能用自动张紧装置　在高速带传动中，不能使用自动张紧装置，否则运转中将出现振动现象；可采用紧固螺钉实现张紧，如图 5-37 所示。

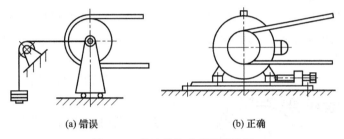

(a) 错误   (b) 正确

图 5-37　高速带传动的张紧装置

第 **6** 章

链传动结构设计

6.1 概述

在工程上，链传动是一种应用较广的机械传动。它是由主动链轮 1、从动链轮 2 和绕在链轮上的链条 3 所组成，如图 6-1 所示，工作时，依靠挠性件链条与链轮轮齿的啮合来传递运动和动力。链条作为一个多边形（多角形）嵌在链轮上，在其退出处和绕入处的力臂和速度均随时波动（多边形效应）。与齿轮传动及摩擦轮传动不同，链传动的主动链轮与从动链轮的旋转方向相同。

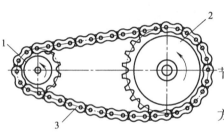

图 6-1　链传动

1—主动链轮；2—从动链轮；3—传动链

与其他传动形式相比，链传动具有以下特点：

（1）优点

① 传递载荷时略有缓冲作用（链条有弹性，链节有润滑剂），无滑动；

② 用一根链条可实现多轴传动，也可改变旋转方向；

③ 可以有较大的中心距，有时需用支撑轮或托板；

④ 轴与轴承的载荷很小，因为只需要较小（与传动带和摩擦轮相比而言）的张紧力；

⑤ 可在环境温度很高的场合下使用，例如用于通道式炉，也可以用于多灰尘的环境中（如建筑机械，农业机械等），但寿命将缩短；

⑥ 可在润滑油环境中工作（如与齿轮共同润滑）。对于塑料链条或用塑料套筒的链条也可以不用润滑（如食品工业、纺织工业、水下工程等）；

⑦ 装配简单（链条安装时无预紧力，其两端用连接环连接）；

⑧ 给定中心距下的传动比容易改变（用新的链轮及新的或加长的链条）。

（2）缺点

① 由于多边形效应，链条的传动速度与链条上的载荷都不均匀；

② 链节中的磨损将导致链条节距扩大（链条外张，有脱出链轮的危险）；

③ 必须消除链条的伸长量（例如缩短链条，可调整轴承、张紧轮）；

④ 在旋转方向周期性改变的情况下不适用（出现补偿垂度的空行程）；

⑤ 仅适用于平行的、尽可能水平布置的轮轴；

⑥ 对于上下布置的轮轴，必须用紧链器，以保证其松边有必要的张紧力；

⑦ 对于垂直布置的轮轴，为了侧面控制链条，需用压板或托板；

⑧ 链条的振动，特别是在强烈的周期性冲击载荷与很高的圆周速度下的振动，必须加

以注意；

⑨ 轮轴平行度要求高，特别在使用宽链条时。

链传动主要用在要求工作可靠，两轴相距较远，低速重载，工作环境恶劣，以及其他不宜采用齿轮传动的场合。例如在摩托车上应用了链传动，结构上大为简化，而且使用方便可靠；掘土机的运行机构也采用了链传动，它虽然经常受到土块、泥浆和瞬时过载等的影响，依然能很好地工作。

根据用途不同，链传动可分为传动链、曳引链、输送链和专用特种链四种。传动链主要用在一般机械中，用于传递运动和动力，用途最广；曳引链主要用于拉曳和起重；输送链主要用于在运输机械中移动重物。

传动链根据结构不同，可分为两种类型：滚子链，如图 6-1 所示；齿形链，如图 6-2 所示。齿形链是由许多齿形链板用铰链连接而成，齿形链板的两侧是直边，工作时链板侧边与链轮齿廓相啮合，工作时传动平稳，噪声和振动很小，承受冲击载荷的能力高，又称无声链；但它结构复杂，质量大，价

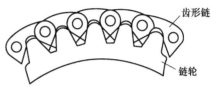

图 6-2 齿形链

格较贵，拆装困难，除特别的工作环境要求使用外，目前应用较少，多用于高速或运动精度要求较高的传动。而滚子链的结构简单，成本较低，应用范围很广。

6.2 链传动主要参数选择要点

6.2.1 链轮齿数

为了使链传动的运动平稳，小链轮齿数不宜过少。对于滚子链，可按链速由表 6-1 选取 z_1；然后按传动比确定大链轮齿数，$z_2 = iz_1$。

表 6-1 小链轮齿数 z_1

链速 $v/(\text{m/s})$	0.6~3	3~8	>8
z_1	≥17	≥21	≥25

若链条的铰链发生磨损，将使链条节距变长、链轮节圆向齿顶移动（图 6-3）。节距增长量 Δp 与节圆外移量 $\Delta d'$ 的关系为：

$$\Delta d' = \frac{\Delta p}{\sin \frac{180°}{z_1}} \tag{6-1}$$

由此可知 Δp 一定时，齿数越多节圆外移量 $\Delta d'$ 就越大，也越容易发生跳齿和脱链现象。所以大链轮齿数不宜过多，一般应使 $z_2 \leqslant 120$。

一般链条节数为偶数，而链轮齿数最好选取奇数，这样可使磨损较均匀。

6.2.2 链的节距

链的节距越大，其承载能力越高。但应注意：当链节以一定的相对速度与链轮齿啮合的瞬间，将产生冲击和动载荷，如图 6-4 所示。根据相对运动原理，把链轮看作静止的，链节就以角速度 $-\omega$ 进入齿轮而产生冲击。根据分析，节距越大、链轮转速越高时冲击也越大。

因此，设计时应尽可能选用小节距的链，高速重载时可选用小节距多排链。

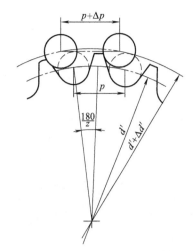

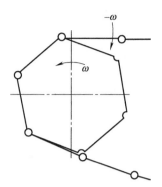

图 6-3 节圆外移量与链节距增长量的关系　　　　　　图 6-4 啮合瞬间的冲击

6.2.3 中心距和链的节数

若链传动中心距过小，则小链轮上的包角也小，同时啮合的链轮齿数也减小；若中心距过大，则易使链条抖动。一般可取中心距 $a = (30 \sim 50)p$，最大中心距 $a_{\max} \leqslant 80p$。

链条长度用链的节数 L_p 表示。由公式可导出：

$$L_p = 2\frac{a}{p} + \frac{z_1 + z_2}{2} + \frac{p}{a}\left(\frac{z_2 - z_1}{2\pi}\right)^2 \qquad (6\text{-}2)$$

由此算出的链的节数，须圆整为整数，最好取为偶数。

中心距 a 的计算公式：

$$a = \frac{p}{4}\left[\left(L_p - \frac{z_1 + z_2}{2}\right) + \sqrt{\left(L_p - \frac{z_1 + z_2}{2}\right)^2 - 8\left(\frac{z_2 - z_1}{2\pi}\right)^2}\right] \qquad (6\text{-}3)$$

为了便于安装链条和调节链的张紧程度，一般将中心距设计成可以调节的。若中心距不能调节而又没有张紧装置时，应将计算的中心距减少 $2 \sim 5\text{mm}$，这样可使链条有小的初垂度，以保持链传动的张紧。

6.3 链传动布置与结构设计要点

链传动合理布置的原则：

① 两链轮的回转平面应在同一垂直平面内，否则易使链条脱落和产生不正常的磨损；

② 两链轮中心连线最好是水平的，或与水平面成 $45°$ 以下的倾角，尽量避免垂直传动，以免链条与下方链轮啮合不良或脱离啮合。

6.3.1 链传动应紧边在上

与带传动相反，链传动应紧边在上，松边在下，如图 6-5 所示。当松边在上时，由于松边下垂度较大，链与链轮不宜脱开，有卷入的倾向，尤其在链离开小链轮时，这种情况更加突出和明显。如果链条在应该脱离时未脱离而继续卷入，则将有链条卡住或拉断的危险。因此，要避免使小链轮出口侧为渐进下垂侧。另外，中心距大、松边在上时，会因为下垂量的增大而造成松边与紧边相碰，故应避免。

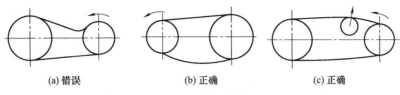

(a) 错误   (b) 正确   (c) 正确

图 6-5　链传动的布置

6.3.2　两链轮轴线铅垂布置的合理措施

两链轮轴线在同一铅垂面内时，链条下垂量的增大会减少下链轮的有效啮合齿数，降低传动能力，如图 6-6 所示。为此可采取以下措施：

① 中心距设计为可调的；

② 设计张紧装置；

③ 上、下两链轮偏置，使两轮的轴线不在同一铅垂面内；

④ 小链轮布置在上，大链轮布置在下。

6.3.3　不能用一根链条带动一条线上的多个链轮

在一条直线上有多个链轮时，考虑到每个链轮的啮合情况，不能用一根链条将一个主动链轮的功率依次传给其他链轮。在这种情况下，只能采用一对链轮进行逐个轴的传动，如图 6-7 所示。

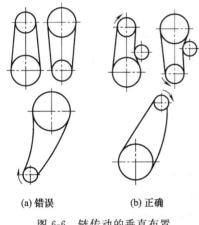

(a) 错误   (b) 正确

图 6-6　链传动的垂直布置

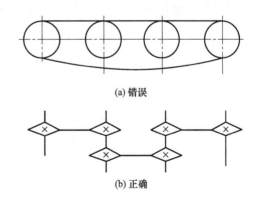

(a) 错误

(b) 正确

图 6-7　多链轮传动布置形式（一）

如图 6-8 所示，这是用一个主动链轮 A 带动链轮 B、C、D 的简图，图中 E、F、G 为张紧轮。

6.3.4　链轮不能水平布置

因为在重力作用下，链条会产生下垂，特别是两链轮中心距较大时，链条下垂更大，所以为防止链轮与链条的啮合产生干涉、卡链甚至掉链的现象，禁止将链轮水平布置，如图 6-9 所示。

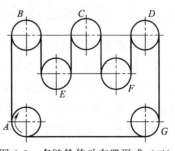

图 6-8　多链轮传动布置形式（二）

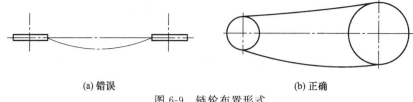

(a) 错误   (b) 正确

图 6-9 链轮布置形式

6.3.5 注意挠性传动拉力变动对轴承负荷的影响

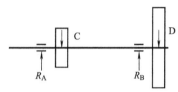

图 6-10 挠性传动拉力变动对
轴承载荷的影响

如图 6-10 所示，在轴上有 C、D 两个传动件，D 为挠性传动的轮。由于力和位置的配置，左轴承的反力 R_A 可能很小。带、链等在空中的部分产生跳动会引起拉力反复变动，这样就会引起轴承 A 的负荷反复变动，使轴产生振动。应重新配置传动件的位置与受力方向，使 R_A 方向固定。

6.4 保证链传动正常运转的常用措施

6.4.1 带与链传动应加罩

带与链传动应加罩，首先是为了保证安全，其次对链传动还有防尘和保持润滑以及避免润滑油飞溅的作用。

6.4.2 弹簧卡片的开口方向要与链条运动方向相反

如图 6-11 所示，当采用弹簧卡片锁紧链条首尾相接的链节时，应注意使止锁零件的开口方向与链节运动方向相反，以免冲击、跳动和碰撞时卡片脱落。

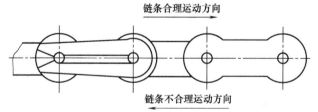

图 6-11 弹簧卡片的开口方向与链条运动方向的确定

6.4.3 链传动应用少量的润滑油

链条磨损率及传动寿命与润滑方式有直接关系，如图 6-12 所示，不加油时磨损明显增大。润滑脂只能短期有效限制磨损，润滑油可以起到冷却、减少噪声、减缓啮合冲击和避免胶合的效果。应该注意，在加油润滑链条时，尽量在局部润滑，如图 6-13 所示。同时不应

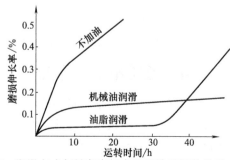

图 6-12 润滑方式与链条磨损率及运转时间的关系

使链传动潜入大量润滑油中，以免搅油损失过大。

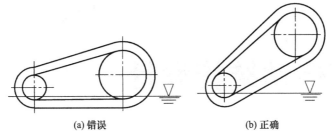

(a) 错误   (b) 正确

图 6-13 链条的润滑

6.4.4 链传动的中心距应该能调整

链传动在安装以后需要调整中心距以达到链条松紧适度。工作一段时间后链节伸长，要求进一步调整。

第 **7** 章

螺旋传动结构设计

7.1 概述

　　螺旋传动能够把旋转运动变为直线运动，或反过来将直线运动变为旋转运动，并同时进行能量和力的传递。螺旋机构能够实现自锁，结构比较简单，运动平稳，能够达到较高的精度，是机械、仪器等行业广泛运用的机构。其主要用途有：起重、传递运动、测量、调整等。

　　螺旋传动按螺纹间摩擦状态又可分为滑动螺旋、滚动螺旋与静压螺旋三大类，它们的特点及适用场合详见表 7-1。

表 7-1　螺旋传动的分类、特点及其应用

类别	特　　点	应用举例
滑动螺旋	①结构简单,加工方便,成本低廉 ②当螺纹升角小于摩擦角时,能自锁 ③传动平稳 ④摩擦阻力大,效率较低,仅在 0.3～0.7 之间,自锁时低于 0.5,常在 0.3～0.4 之间 ⑤螺纹间有侧向间隙,反向时有空行程,定位精度及轴向刚度较差 ⑥磨损快 ⑦低速及微调时可能出现爬行	广泛用于金属切削机床进给和分度机构的传导螺旋、摩擦压力机及千斤顶的传力螺旋
滚动螺旋	①传动效率高达 0.9～0.98,平均为滑动螺旋的 2～3 倍,可节省动力 1/2～3/4,有利于主机的小型化及减轻劳动强度 ②摩擦力矩小,接触刚度高,使温升及热变形减小,有利于改善主机的动态特性和提高工作精度 ③工作寿命长,平均可达滑动螺旋的 10 倍左右 ④传动无间隙,无爬行,运转平稳,传动精度高 ⑤具有很好的高速性能,其临界转速 $d_0 n$(d_0 为滚珠丝杠公称直径,mm;n 为转速,r/min)值可达 2×10^5 以上,可实现线速度 120m/min 的高速驱动 ⑥具有传动的可逆性,既可把旋转运动变为直线运动,也可把直线运动转化为旋转运动,且逆传动效率与正传动效率相近 ⑦已实现系列尺寸标准化,并出现了冷轧滚珠丝杠,提供了多用途的廉价产品,应用于精度要求不是很高的场合,节能并延长寿命 ⑧不能自锁 ⑨抗冲击振动性能较差 ⑩承受径向载荷的能力差 ⑪结构较复杂(但结构比静压螺旋简单且维修方便),成本较高	随机电一体化技术而迅速发展起来,广泛运用于各种精度的数控机床、加工中心、FMS 柔性制造系统、电子设备,如电视摄像机、雷达天线、计算机、飞行器;宇航设备,如飞机襟翼及尾翼、起落架及登月飞船着陆器、战斗机弹射椅、直升机调速器等;各种仪器仪表,如 X 射线测量仪、扫描显微镜、液压脉冲马达、X-Y 自动绘图仪、万能拉力材料试验机等;交通运输、起重装卸机械,如汽车转向器、船舰转向机构、起重机提升装置,客运索道等;钢铁冶金设备,如高炉出铁槽控制装置、热轧整边和矫平机械、冷轧机调宽机构。此外,核工业及武器系统、医疗机械、化工机械、轻工、印刷、纺织、办公、建筑等均已广泛应用 　近年滚珠丝杠市场需求以每年 30% 的高速递增,应用领域迅速扩大

续表

类别	特 点	应用举例
静压螺旋	①摩擦阻力小,传动效率高(可达 0.99) ②承载能力大,刚度大,抗振性好,传动平稳 ③磨损小,寿命长 ④能实现无间隙正反向传动,定位精度高 ⑤油膜有均化螺旋螺母误差的作用,大大提高了传动精度 ⑥传动具有可逆性 ⑦结构复杂,加工困难,安装调整较困难 ⑧需要一套压力稳定、温度恒定、过滤要求较高的供油系统 ⑨不能自锁	精密机床进给及分度机构的传导螺旋,如高精度螺纹磨床、非圆齿轮插齿机、变型机床等

7.2 螺纹类型选择要点

滑动螺旋的螺纹通常为梯形、锯齿形及矩形三种,其中梯形螺纹应用最广。锯齿形螺纹主要用于单向受力。矩形螺纹虽传动效率较高,但加工较困难,且强度较低,应用较少。在螺纹类型选择时,应注意以下几个方面的问题:

(1) 尽量避免采用矩形螺纹

矩形螺纹有比较高的效率,但是不可以磨削,因此不能淬火热处理,精度较低,耐磨性差,由于齿根较薄,强度差;虽然效率较高,但只用于要求不高的低速传力螺旋,如起重千斤顶。

(2) 梯形螺纹用于双向传动

梯形螺纹的自锁性能不如三角形螺纹,传动效率比矩形螺纹稍低,但牙根强度高,易于对中,制造工艺性好,是应用最广泛的一种传动螺纹。

(3) 小尺寸测量螺纹一般不采用梯形螺纹

小尺寸的测量螺纹常采用三角形螺纹,在螺纹磨床上直接磨出螺纹,可以达到很高的精度。

(4) 锯齿形螺纹用于单方向受力

锯齿形螺纹只宜于将斜角为 3°的螺纹面作为受力螺纹面,效率较高,不可用于两方向受力的螺旋传动。此外,锯齿形螺纹自锁性不好,不能用于连接。

(5) 精密测量螺旋只用单线螺纹

当螺纹线数 $n \geq 2$ 时,其运动精度较低,不适用于要求精密定位的螺旋传动;而且一般测量装置都不要求速度高,因此不必采用线数 $n \geq 2$ 的螺旋。

7.3 螺旋机构的形式选择要点

(1) 滑动螺旋传动的基本形式

滑动螺旋传动的基本形式有如下四种:

① 螺杆转动、螺母移动,见图 7-1 (a),如机床进给机构、虎钳。

② 螺母转动、螺杆移动,见图 7-1 (b),如某些千斤顶、压力机。

③ 螺母固定、螺杆转动并移动,见图 7-1 (c),如某些千斤顶。

④ 螺杆固定、螺母转动并移动,见图 7-1 (d),用于某些手动调整机构,如插齿机主轴

箱的移动调整。

其中图 7-1（a）中的结构较适合移动范围大的工作情况；图 7-1（b）中的结构精度较差、使用较少；图 7-1（c）中的结构不适用于移动范围大的场合，如果是加工工件长达数米的车床丝杠，此机构占据空间为螺母移动范围的两倍以上；图 7-1（d）中的结构精度较差、使用较少。

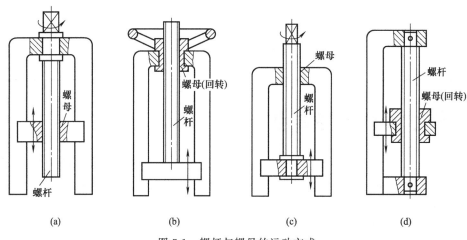

图 7-1　螺杆与螺母的运动方式

（2）螺旋宜承受轴向力

螺旋是一个细长的杆状零件，当横向力（与螺旋轴线垂直方向的力）作用在螺旋面上时，会产生弯曲应力，影响螺旋的强度、刚度和精度。基于此，螺旋宜承受轴向力。

7.4　提高螺旋强度、刚度和耐磨性的设计要点

（1）受压螺旋应尽量避免受偏心载荷

图 7-2 所示为起重螺旋机构，若轴向载荷 F_Q 不通过螺旋中心，则产生弯曲力矩，不但显著加大了螺旋的应力，而且使螺杆在螺母中歪斜，引起螺母的边缘局部磨损。

此外当螺旋升高至最高点时，应根据尺寸 h 校核其压杆稳定性，当受偏心载荷时，更容易发生压杆失稳。

（2）螺母座、轴承座及其固定螺钉应该有足够的强度和刚度

传动螺旋受力都是经过螺母座、轴承座及其固定螺钉传递到有关固定零件上面的，这些零件应该有足够的强度，应该注意不但校核螺纹，而且还应该校核各受力环节的强度。

（3）为提高螺纹副的耐磨性，螺纹的螺距不可太小

螺距很小的螺纹，很容易磨损，而精密调整的螺纹又要求螺旋每旋转一圈前进距离很小，为此，可以选用差动螺旋机构。图 7-3 所示的螺旋机构中螺距分别为 $S_1=0.7\text{mm}$，$S_2=0.75\text{mm}$，其旋向相同，手柄 4 转动一圈，螺母 1 实际移动的距离为 $S=S_2-S_1=0.75-0.7=0.05\text{mm}$。如果选用螺距为 0.05mm 的螺旋，则螺纹很小，容易磨损，寿命很短。

（4）螺纹牙型角 α 应该保证一定的精度要求

螺纹牙型角 α 的误差影响螺旋和螺母牙侧的接触面积，因而影响其寿命，一般允许误差为 $\pm 10'$。

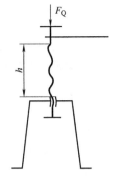

图 7-2　起重螺旋机构

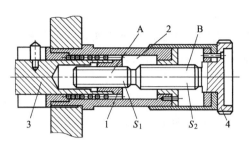

图 7-3　差动螺旋机构
1—工作螺母；2—空腔；3—工作台；4—手柄；
A—螺柱；B—螺柱且旋向与 A 相反

7.5　提高螺旋传动精度的设计要点

7.5.1　影响螺旋传动精度的因素

影响螺旋传动精度的因素很多，主要有以下几点：

（1）螺纹参数误差

螺纹参数误差主要有螺距误差、中径误差、牙型角误差等。

（2）螺杆轴向窜动误差

如图 7-4 所示的结构中，螺杆轴肩端面与轴承的止推面不垂直于螺杆轴线，而是有偏斜角 α_1 和 α_2，螺杆转动时，引起螺杆周期性的轴向窜动误差 $\Delta_{\max}=D\tan\alpha_{\min}$（$D$ 为螺杆轴肩的直径，$\alpha_{\min}$ 为 α_1 和 α_2 中较小者）。

（3）偏斜误差

如图 7-5 所示，如果螺杆的轴线方向与移动件的运动方向不平行，而是有一偏斜角 φ，就会发生偏斜误差 $\Delta L=L-x=2L\sin^2(\varphi/2)$。由于 φ 一般很小，所以取 $\sin(\varphi/2)\approx\varphi/2$，因此 $\Delta L=L\varphi^2/2$。

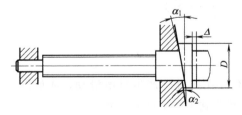

图 7-4　螺杆轴向窜动误差

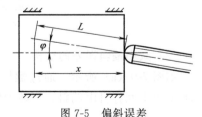

图 7-5　偏斜误差

（4）温度误差

当螺旋传动的工作温度与制造温度不同时，将引起螺杆长度和螺距的变化。温度误差为 $\Delta L_t=L_w\alpha\Delta t$（$L_w$ 为螺杆螺纹部分长度；α 为螺杆材料线胀系数；Δt 为工作温度与制造温度之差）。

7.5.2 提高螺旋传动精度的结构设计措施

为提高螺旋传动精度，以上各种因素引起的误差应尽可能减小或消除，这可以通过提高螺旋副零件的制造精度来实现；但是提高零件的精度会使成本增加，因此可采取某些结构措施来提高其传动精度。

（1）螺距误差校正装置

由于螺杆的螺距误差是造成螺旋传动误差的最主要因素，因此采用螺距误差校正装置是提高螺旋传动精度的有效措施之一。图 7-6 所示为螺距误差校正原理，当螺杆带动螺母移动时，螺母导杆沿校正尺的工作面移动。工作面的凹凸外廓使螺母转动一个附加角度，由此产生的附加位移，恰能补偿螺距误差所引起的传动误差。如图 7-7 所示为坐标镗床螺距误差校正装置简图。

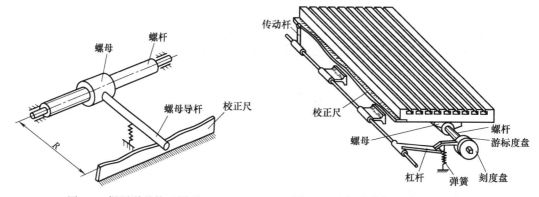

图 7-6　螺距误差校正原理　　　　图 7-7　坐标镗床螺距误差校正装置简图

利用上述的校正原理，也可以校正温度误差。只要把校正尺制成直尺，并使其与螺杆轴线倾斜某一角度 θ 即可。

（2）限制螺杆轴向窜动的结构

如图 7-8 所示，螺旋传动的轴承的轴向窜动直接影响到螺旋传动的轴向窜动，从而使螺旋机构产生运动误差。因此，对螺旋传动的轴承应有较高的结构要求。对于受力较小的螺旋，可以用一个钢球支撑在螺旋中心，轴向窜动极小。

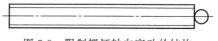

图 7-8　限制螺杆轴向窜动的结构

（3）减小偏斜误差的结构

如图 7-9（a）所示，通过螺杆端部的球面与滑板在接触处产生自由滑动，或如图 7-9（b）所示中间杆自由偏斜，可减少偏斜误差，避免螺旋副中产生过大应力。

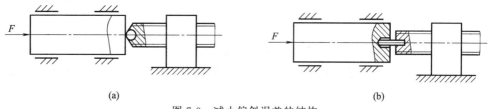

（a）　　　　　　　　　　　　　　　（b）

图 7-9　减小偏斜误差的结构

（4）消除空回的结构

为了消除轴向间隙和补偿螺纹的磨损，避免反向转动时的空回行程，可采用一些特殊结构。例如图 7-10 所示的开槽螺母结构，拧动螺钉可以调整螺纹的径向间隙，在孔的两侧都有切槽，拧紧螺钉时，夹紧力使开槽螺母发生弹性变形，并传递到四周，将螺杆牢固地夹紧，从而消除径向间隙。

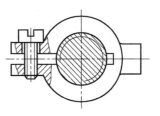

图 7-10 开槽螺母结构

螺旋和螺母的间隙导致螺旋运动时发生空回，可以用弹性收管螺套［图 7-11（a）］、弹性双螺母［图 7-11（b）中螺母 A 和 B］、塑料螺母［图 7-11（c）］等消除间隙。

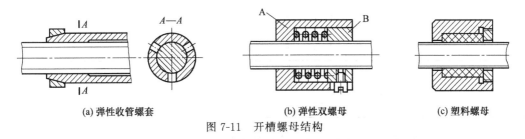

| (a) 弹性收管螺套 | (b) 弹性双螺母 | (c) 塑料螺母 |

图 7-11 开槽螺母结构

（5）采取误差补偿和相互抵消的原则，以提高传动螺纹的升降精度

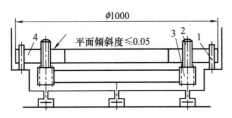

图 7-12 6 个小螺旋升降精密平台

1—导销；2—6 个小螺旋；3—6 个小齿轮；
4—平台（有 6 个螺母）

图 7-12 所示为利用立式传动螺旋带动精密升降平台的结构。设计要求：平台直径为 1000mm，其要求的平面度为 0.05，平台利用螺旋副升降，升降最大行程为 5mm，升降后仍要保持平台的平面度。图中利用大齿轮驱动 6 个小齿轮（大齿轮是被手动小齿轮驱动的，图中未表示），6 个小齿轮分别和 6 个小螺旋连成一体，小螺旋的转动使平台（6 个螺母）升降，平台上有多个均布的导销进行导向，虽然每个小螺旋副的传动误差使平台仍然难以达到平面度要求，但多个小螺旋同时驱动，每个螺旋副产生的误差，有可能互相抵消、补偿和牵制，从而显著提高了升降精度，使得平台升降后的平面度仍有可能达到设计要求。实践表明：多个小螺旋驱动与单个大螺旋驱动相比，设计可靠度可由不到 20% 提高到 80% 以上。

7.6 滚珠螺旋设计要点

滚珠螺旋传动的突出优点是可用较小的驱动转矩获取高精度、高刚度、高速度和无侧隙的微进给，而且正传动（由丝杠回转运动变为螺母直线运动）和逆传动（由螺母直线运动变为丝杠回转运动）的效率相近，常在 90% 以上。可以由计算机控制伺服电机（或步进电机）带动滚珠丝杠或直线运动功能部件组成机电一体化的数控设备。目前我国已有专业工厂按照国家标准 GB/T 17587—1998、行业标准 JB/T 3162 及 JB/T 9893—1999 生产相关产品用于数控机床、加工中心等。

在进行滚珠螺旋设计时须注意以下几点：

（1）尽可能选择专业厂生产的产品

国内外有不少专业厂生产滚珠螺旋，对于一般要求，采用专业厂生产的产品在质量、时间等方面都是有利的。

（2）应该使螺旋和螺母同时受拉或受压

当螺旋和螺母一个受拉、一个受压时，会引起螺距差、各扣螺纹受力不均匀，因此应该使螺旋和螺母同时受拉或受压。图 7-13 所示为螺旋和螺母受力的四种情况，表 7-2 为四种方案评估结果。

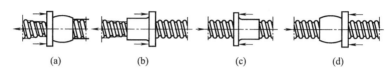

(a)   (b)   (c)   (d)

图 7-13　螺旋与螺母受力情况

表 7-2　不同受力方案评价表

序号	a	b	c	d
螺母	受压	受拉	受拉	受压
螺旋	受拉	受拉	受压	受压
评价	差	好	差	好

（3）全面综合考虑确定滚珠螺旋的主要尺寸参数

选择滚珠螺旋的主要尺寸参数可以参考表 7-3，调整各参数值。

表 7-3　滚珠螺旋的主要尺寸参数

主要尺寸参数		刚度	位移精度	惯量	驱动力矩	寿命
丝杆直径	增大	增大	—	增大	增大	—
	减小	减小	—	减小	减小	—
导程	增大	—	降低	—	增大	—
	减小	—	提高	—	减小	—
预紧力	增大	增大	提高	—	增大	降低
	减小	减小	降低	—	提高	—
有效圈数	增大	增大	—	增大	增大	提高
	减小	减小	—	减小	减小	降低

（4）滚珠丝杠副的结构、循环与预紧方式

对于丝杠，除螺纹滚道截面的形状有所不同外，各种类型的滚珠丝杠的结构基本相同。滚珠螺母的结构主要与滚珠循环的方式及预紧方式有关，且循环方式对滚珠螺旋传动的设计、制造、精度、寿命、成本及轴隙调整均有重要影响，与滚珠流畅性能更有直接关系。表 7-4 列出了两种常用滚道的法向截面形状与特点。

表 7-4　滚道的法向截面形状与特点

	单圆弧形	双圆弧形
截面形状	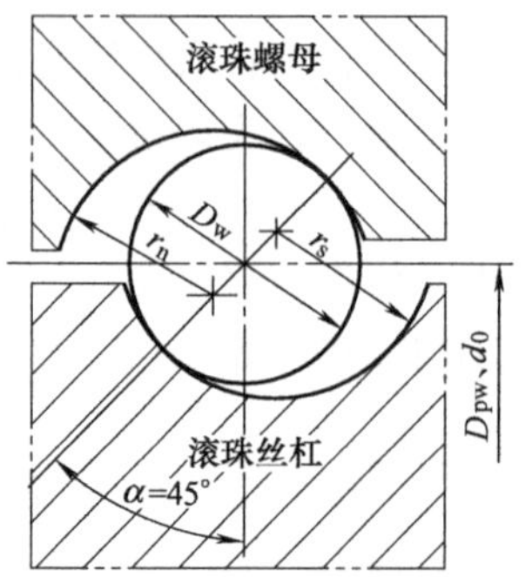 滚珠螺母　D_w　r_n　r_s　D_{pw}、d_0　滚珠丝杠　$\alpha=45°$	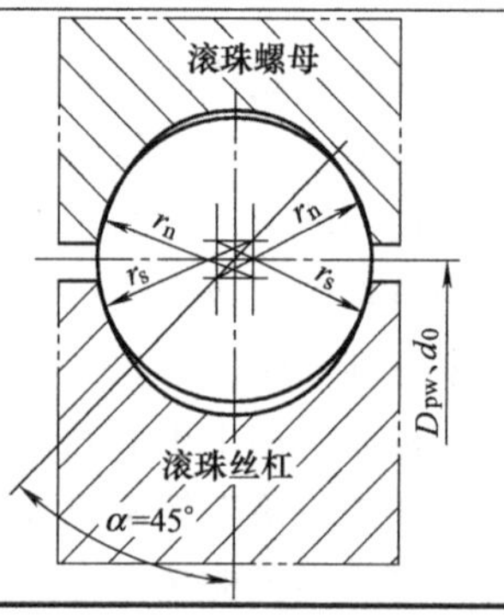 滚珠螺母　r_n　r_n　r_s　r_s　D_{pw}、d_0　滚珠丝杠　$\alpha=45°$

续表

| 特点 | 　　磨削滚道的砂轮成型比较方便，容易得到较高的精度，但接触角 α 不易控制，它随初始间隙和轴向力大小而变化，因而其传动效率、承载能力和轴向刚度均不够稳定
　　适用于单螺母变位导程预紧结构的滚珠丝杠副 | 　　能保持一定的接触角 α，传动效率、承载能力和轴向刚度比较稳定，但砂轮成型较复杂，不易获得较高的加工精度，螺旋槽底部不与滚珠接触，可存纳一定的润滑油与脏物，使磨减小，对滚珠流畅性有利
　　适用于双螺母预紧和单螺母增大钢球预紧，以消除轴向间隙 |

　　图 7-14～图 7-16 所示为几种常用循环方式的示意图。各种循环方式的特性及应用比较见表 7-5。

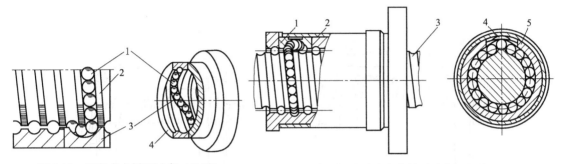

图 7-14　固定式内循环示意（G 型）
1—滚珠；2—丝杠；3—反向器；4—螺母

图 7-15　浮动式内循环示意（F 型）
1—反向器；2—弹簧套；3—丝杠；4—拱形簧片；5—螺母

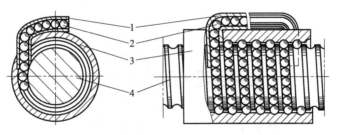

图 7-16　插管式外循环示意（C 型）
1—插管式反向器；2—滚珠；3—螺母；4—丝杠

表 7-5　滚珠丝杠副不同循环方式的比较

循环方式	内循环		外循环	
	浮动式	固定式	插管式	螺旋槽式
代号	F	G	C	L
结构特点	滚珠循环链最短，反向灵活，结构紧凑，刚性好，使用可靠，工作寿命长，螺母配合外径较小，扁圆型反向器螺母轴向尺寸最短		滚珠循环链较长，但轴向排列紧凑，轴向尺寸小，螺母配合外径较大（C 型较小），刚性较差，但滚珠流畅性好，灵活、轻便	
摩擦力矩	小	小	较小	较大
工艺性	较差	差	好	一般
制造成本	最高	较高	较低	较低
使用场合	各种高灵敏、高精度、高刚度的进给定位系统		中等载荷、高速运动及精密定位系统，在大导程、多头螺纹中显示其独特优点	适用于一般工程机械，不适宜高刚度、高速运转的传动

图 7-17 所示为常用的五种滚珠丝杠调整轴向间隙的预紧方式。如图 7-17（a）所示，在双滚珠螺母 1 和 2 的凸缘上切制出外齿轮，其齿数差为 1，分别与内齿轮 3 和 4 啮合，3 与 4 用螺钉锁紧于螺母座 5 中，通过 1 与 2 的相对转动达到预紧目的。图 7-17（b）所示是采用不同厚度 Δ 的垫片 3 来预紧。图 7-17（c）所示的滚珠螺母 3 外伸端处切有外螺纹，旋转圆螺母 2 可使 3 产生轴向位移来预紧。图 7-17（d）所示为单螺母变位导程自预紧式，为典型的内预紧结构，它是利用螺母的内螺纹导程变位 $\pm\Delta P_{\mathrm{h}}$（或 $\pm l_0$）来进行预紧。图 7-17（e）所示单螺母钢球增大式是一种类似过盈配合的预紧方式，一般用于滚道截面形状为双圆弧时，采用安装直径比正常大几个微米的钢球进行预紧装配。表 7-6 所示比较了不同预紧方式的特点及适用场合。

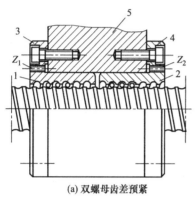

(a) 双螺母齿差预紧

1，2—双滚珠螺母；3，4—内齿轮；5—螺母座

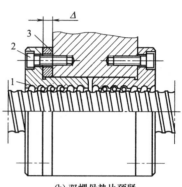

(b) 双螺母垫片预紧

1—双滚珠螺母；2—螺钉；3—垫片

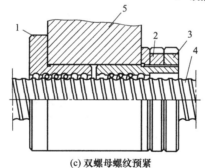

(c) 双螺母螺纹预紧

1—双滚珠螺母；2—圆螺母；3—滚珠螺母；4—丝杠；5—螺母座

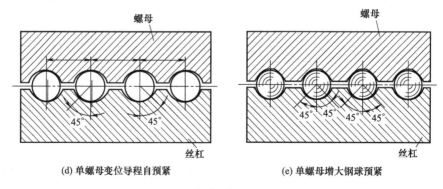

(d) 单螺母变位导程自预紧　　　　(e) 单螺母增大钢球预紧

图 7-17　滚珠丝杠副预紧方式

表 7-6　滚珠丝杠副不同预紧类型的比较

预紧类型	双螺母齿差预紧	双螺母垫片预紧	双螺母螺纹预紧	双螺母螺纹预紧	单螺母增大钢球预紧
代号	C(Ch)	D	L	B	Z
滚珠螺母受力性质	拉伸	拉伸 压缩	拉伸(外) 压缩(内)	拉伸($+\Delta P_h$) 压缩($-\Delta P_h$)	—
结构特点	可实现 $2\mu m$ 以下的精密微调,预紧可靠,调整方便,结构复杂,轴向尺寸偏大,工艺复杂	结构简单,轴向刚性好,预紧可靠,不可调整,轴向尺寸适中,工艺性好	使用中可随时调整预紧力,但不能实现定量调整,螺母轴向尺寸大	结构紧凑、简单,完全避免了双螺母结构中形位误差的干扰,技术性强,不可调整	结构最简单、紧凑,但不适宜预紧力过大的场合,不可调整,轴向尺寸小
使用场合	用于要求准确预加载荷的精密定位系统	用于高刚度、重载荷的传动,目前应用最广泛	用于不需要准确预加载荷且用户自调的场合	用于中等载荷以下,且对预加载荷有要求的精密定位、传动系统	用于中等载荷以下轴向尺寸受限制的场合
备注	"内预紧"结构形式。方便用户使用,一般不提倡用户自调,而由生产厂根据用户要求用仪器检测并调整		难以实现"内预紧",使用不准确、不广泛	最典型的"内预紧"结构,使用广泛	

注：1. 单螺母无预紧,标记代号为 W。

2. 当滚珠丝杠的导程按标准值 P_h 制造,而将螺母的内螺纹导程变位按 $P_h \pm \Delta P_h$ 来制造,两者拧紧就可达到预紧的效果,即变位导程预紧。

（5）滚珠丝杠副的润滑与密封

滚珠丝杠副常用抗高压和高黏度的润滑剂，如锂基脂及透平油。

滚珠丝杠副常用的密封装置主要有两种：一种是全封闭型，整个滚珠丝杠副都被封闭在防尘罩内；另一种为局部封闭型，它在螺母两端分别镶上两块与丝杠螺纹相配的非金属材料进行密封。图 7-18 所示为全封闭型防尘护罩，左侧为金属制造，右侧为非金属制造。图 7-19 所示为局部封闭型防尘圈，它已随厂家产品装在螺母端面。密封材料常有聚四氟乙烯和毛毡两种，可供用户选用。

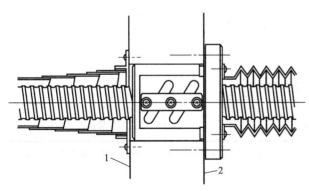

图 7-18　滚珠丝杠副预紧方式

1—丝杠防尘罩；2—软式皮腔

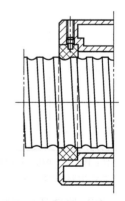

图 7-19　局部密封型防尘圈

（6）滚珠丝杠的支承方式

为了满足高精度、高刚度进给系统的需要，必须充分重视滚珠丝杠支承的设计，注意选用轴向刚度高、摩擦力矩小、运转精度高的轴承及相应的支承形式，参见表 7-7。

采用刚度高的支座还能提高丝杠轴受压的稳定性及临界转速。

制定轴端形式尺寸标准可方便用户设计造型，并可提高制造厂的轴端制造质量，缩短交货期。

表 7-7　滚珠丝杠副丝杠安装副

安装方式	简　图	特　点
一端固定一端自由	(a)　(b)	①丝杠的静态稳定性和动态稳定性都很低②结构简单③轴向刚度较小④适用于较短的滚珠丝杠安装和垂直的滚珠丝杠安装
两端铰支	(a)　(b)	①结构简单②轴向刚度小③适用于对刚度和位移精度要求不高的滚珠丝杠安装④对丝杠的热伸长较敏感⑤适用于中等回转速度
一端固定一端铰支	(a)　(b)	①丝杠的静态稳定性和动态稳定性都较高,适用于中等回转速度②结构稍复杂③轴向刚度大④适用于对刚度和位移精度要求较高的滚珠丝杠安装⑤推力球轴承应安置在离热源(步进电机)较远的一端
两端固定	(a)　(b)	①丝杠的静态稳定性和动态稳定性最高,适用于高速回转②结构复杂,两端轴承均调整预紧,丝杠的温度变形可转化为推力轴承的预紧力③轴向刚度最大④适用于对刚度和位移精度要求高的滚珠丝杠安装⑤适用于较长的丝杠安装

注：图（a）采用大接触角 $\alpha=60°$ 的角接触轴承的安装方式；图（b）采用推力球轴承和角接触球轴承组合的安装方式，或采用滚针和推力滚子组合轴承。

（7）滚珠丝杠副防逆转措施

滚珠丝杠副由于传动效率高，不能自锁，在用于垂直方位传动时，如果部件重量没有平衡，必须防止当传动停止或电机断电后，因部件自重而产生的逆转动。防逆转可以采用超越离合器或不能逆传动的驱动电机，也可以采用不能逆转的传动装置（如可以自锁的蜗杆传动）以及电磁或液压制动器。目前国内已有专业加工厂生产多种适合防止滚珠丝杠副逆转的超越离合器。

图 7-20 所示为典型的单向超越离合器结构简图，当星形轮 4（内环）有顺时针转动的趋势（即逆转）时，若在外环 1 上施加一个适当的阻力矩使其大于逆转力矩，即可防止与内环 4 装在一起的滚珠丝杠顺时针方向逆转，而只允许丝杠作逆时针方向的转动。当要防止滚珠丝杠副双向逆转时可以采用图 7-21 所示的结构，图中 G 表示作用于滚珠螺母 2 上的重力，G' 表示作用在部件 2 上的平衡力，当 $G-G'>0$，则摩擦片 3 和单向离合器 5 就起制动作用，从而制止滚珠螺母向下移动；当 $G-G'<0$ 时，摩擦片 4 和单向离合器 6 就起制动作用，制止滚珠螺母向上移动。

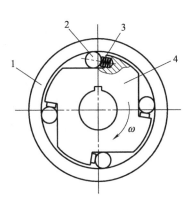

图 7-20 滚珠丝杠副预紧方式

1—外环；2—滚柱；3—弹簧；4—星形轮（内环）

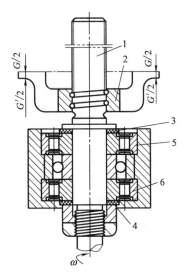

图 7-21 用两个单向离合器防止逆转动

1—滚珠丝杠；2—滚珠螺母；3,4—摩擦片；5,6—单向离合器

第**8**章

减速器结构设计

8.1 概述

减速器是位于原动机和工作机之间的封闭式机械传动装置，由封闭在箱体内的齿轮或蜗杆传动组成，主要用来降低转速、增大转矩或改变运转方向。减速器传递运动准确可靠，结构紧凑，效率高，寿命长，使用维修方便，因此应用广泛。

减速器种类很多，按传动件类型不同可分为渐开线圆柱齿轮减速器、圆锥齿轮减速器、双圆弧圆柱齿轮减速器、NGW型行星齿轮减速器、蜗杆减速器等；按传动级数不同可分为一级减速器、二级减速器和多级减速器；按传动布置方式不同可分为展开式减速器、同轴式减速器和分流式减速器；按其轴在空间的布置方式不同可分为立式减速器和卧式减速器。

（1）齿轮减速器

圆柱齿轮减速器和圆锥齿轮减速器的几种主要形式和应用特点如表 8-1、表 8-2 所示。

表 8-1 圆柱齿轮减速器

名称		运动简图	推荐传动比	特点及应用
一级圆柱齿轮减速器			$i \leqslant 8 \sim 10$	齿轮可做成直齿、斜齿和人字齿：直齿用于速度较低（$v \leqslant 8\text{m/s}$）、载荷较轻的传动；斜齿用于速度较高的传动；人字齿用于载荷较重的传动
二级圆柱齿轮减速器	展开式		$i = i_1 i_2$ $i = 8 \sim 60$	结构简单，但齿轮相对于轴承的位置不对称，因此要求轴有较大的刚度。高速级齿轮布置在远离转矩输入端，这样，轴在转矩作用下产生的扭矩变形和在载荷作用下产生的弯曲变形可部分相互抵消，以减缓沿齿宽载荷分布不均匀的现象。用于载荷比较平稳的场合
	分流式		$i = i_1 i_2$ $i = 8 \sim 60$	结构复杂，由于齿轮相对于轴承对称布置，与展开式相比载荷沿齿宽分布均匀、轴承受载荷较均匀。中间轴危险截面上的转矩只相当于轴所传递转矩的一半。适用于变载荷的场合
	同轴式		$i = i_1 i_2$ $i = 8 \sim 60$	减速器横向尺寸较小，两对齿轮浸入油中深度大致相同。但轴向尺寸大和重量较大，且中间轴较长、刚度差，沿齿宽载荷分布不均匀，高速轴的承载能力难以充分利用

续表

名称		运动简图	推荐传动比	特点及应用
二级圆柱齿轮减速器	同轴分流式		$i=i_1i_2$ $i=8\sim60$	每对啮合齿轮仅传递全部载荷的一半,输入轴和输出轴只承受扭矩,中间轴只承受全部载荷的一半,故与传递同样功率的其他减速器相比,轴颈尺寸可以缩小
三级圆柱齿轮减速器	展开式		$i=i_1i_2i_3$ $i=40\sim400$	同二级展开式
	分流式		$i=i_1i_2i_3$ $i=40\sim400$	同二级分流式

表 8-2　圆锥齿轮减速器

名称	运动简图	推荐传动比	特点及应用
一级锥齿轮减速器		$i=8\sim10$	齿轮可做成直齿、斜齿或曲线齿。既用于两轴垂直相交的传动中,也可用于两轴垂直相错的传动中。由于制造安装复杂、成本高,所以仅在传动布置需要时才采用
二级圆锥-圆柱齿轮减速器		$i=i_1i_2$ 直齿锥齿轮 $i=8\sim22$ 斜齿或曲线齿锥齿轮 $i=8\sim40$	特点与单级锥齿轮减速器相同。锥齿轮在高速级,以使锥齿轮尺寸不致太大,否则加工困难
三级圆锥-圆柱齿轮减速器		$i=i_1i_2i_3$ $i=25\sim75$	同二级圆锥-圆柱齿轮减速器

(2) 蜗杆减速器

与齿轮减速器相比,在相同的外廓尺寸下,蜗杆减速器可获得更大的传动比,工作平稳,噪声较小,但传动效率较低。蜗杆减速器按其减速蜗杆的级数可分为一级、二级、三级和多级蜗杆减速器,其中应用最广的是单级蜗杆减速器,两级及以上的蜗杆减速器应用较少。蜗杆减速器特点及应用如表 8-3 所示。

表 8-3　蜗杆减速器

名称		运动简图	推荐传动比	特点及应用
一级蜗杆减速器	蜗杆下置		$i=10\sim80$	蜗杆在蜗轮下方啮合处的冷却和润滑都较好,蜗杆轴承润滑也方便,但当蜗杆圆周速度高时,搅油损失大,因此一般用于蜗杆圆周速度 $v<$ 10m/s 的场合

续表

名称		运动简图	推荐传动比	特点及应用
单级蜗杆减速器	蜗杆上置		$i=10\sim80$	蜗杆在蜗轮上方,蜗杆的圆周速度可高些,但蜗杆轴承润滑不太方便
	蜗杆侧置		$i=10\sim80$	蜗杆在蜗轮侧面,蜗轮轴线垂直布置,一般用于水平旋转机构的传动
二级蜗杆减速器			$i=i_1 i_2$ $i=43\sim3600$	传动比大,结构紧凑,但效率低。为使高速级和低速级传动浸油深度大致相等,可取高速级的中心距等于低速级的1/2
二级齿轮-蜗杆减速器			$i=i_1 i_2$ $i=15\sim480$	有齿轮传动在高速级和蜗杆传动在高速级两种形式,前者结构紧凑,而后者传动效率高

（3）行星齿轮减速器

行星齿轮减速器由于具有减速比大、体积小、重量轻、效率高等优点在许多情况下可代替二级、三级的普通齿轮减速器和蜗杆减速器。行星齿轮减速器的特点及应用如表8-4所示。

表 8-4　行星齿轮减速器

名称		运动简图	推荐传动比	特点及应用
NGW型行星齿轮减速器	一级		$i=2.8\sim12.5$	与普通圆柱齿轮减速器相比尺寸小,重量轻,但制造精度要求高,结构较复杂,在要求结构紧凑的动力传动中应用广泛
	二级		$i=i_1 i_2$ $i=14\sim160$	同一级

8.2　减速器总体设计和选型

8.2.1　减速器设计一般程序

① 设计的原始资料和数据。

a. 原动机的类型、规格、转速、功率（或转矩）、启动特性、短时过载能力、转动惯量等。

b. 工作机械的类型、规格、用途、转速、功率（或转矩）。工作制度：恒定载荷或变载荷，变载荷的载荷图；启动、制动与短时过载转矩，启动功率；冲击和振动程度；旋转方向等。

c. 原动机、工作机与减速器的连接方式，轴伸是否有径向力及轴向力。

d. 安装形式（减速器与原动机、工作机的相对位置，立式、卧式）。

e. 传动比及其允许误差。

f. 对尺寸及重量的要求。

g. 对使用寿命、安全程度和可靠性的要求。

h. 环境温度、灰尘浓度、气流速度和酸碱度等环境条件；润滑与冷却条件（是否有循环水、润滑站）以及对振动、噪声的限制。

i. 对操作、控制的要求。

j. 材料、毛坯、标准件来源和库存情况。

k. 制造厂的制造能力。

l. 对批量、成本和价格的要求。

m. 交货期限。

以上前四条是必备条件，其他方面可按常规设计，例如设计寿命一般为 10 年，用于重要场合时可靠性应较高等。

② 确定减速器的额定功率，减速器的额定功率是指箱体内所有静态及转动零件中最薄弱的零部件所决定的机械功率，它必须能满足在使用工况下的寿命和可靠性要求。

③ 确定减速器的类型和安装形式。

④ 选定性能水平，初定齿轮及主要机件的材料、热处理工艺、精加工方法、润滑方法及润滑油品。

⑤ 按总传动比，确定传动级数和各级传动比。

⑥ 初算齿轮传动中心距（或节圆直径）、模数及其他几何参数。

⑦ 整体方案设计，确定减速器的结构、轴的尺寸、跨距及轴承型号等。

⑧ 校核齿轮、轴、键等的强度，计算轴承寿命。

⑨ 润滑冷却计算。

⑩ 确定减速器的附件。

⑪ 确定齿轮渗碳深度，必要时还要进行齿形及齿向修形量等工艺数据的计算。

⑫ 绘制施工图样。

设计中应贯彻国家和行业的有关标准。

8.2.2　通用减速器的设计程序

① 在大量研究调查的基础上，根据技术发展趋势、市场需求预测制造条件，确定设计对象及技术水平和经济性目标。

② 系统规划：在正式开始设计之前，对所积累的数据和资料进行分析、对比、研究和判断的基础上，提出对总方案设计和每一具体环节的基本实施方法的纲要。系统规划的水平决定了产品的水平和生命力。规划完成后，即可提出设计任务书。

③ 系列型谱设计：通过优化设计确定系列的基本参数，如中心距、传动比、齿宽系数单级齿轮参数、多级传动比的分配、系列规格型号疏密的划分及数量。同时，完成功率表和实际传动比的计算。

通用减速器（主要指圆柱和圆锥齿轮减速器）的额定功率表是按齿轮的工况系数 $K_A=1$，寿命系数 $Z_{NT}=1$，可靠度系数 $K_R=1$ 计算出的输入轴的许用功率值。目前设计寿命暂时无统一标准，我国一般笼统要求不少于 10 年。

④ 轴承选型和寿命计算。

⑤ 箱体结构及外形设计、外形安装尺寸的确定。

⑥ 其他零部件的系列化和标准化设计。

⑦ 润滑冷却附件设计。

⑧ 热功率表计算。

⑨ 样机试制和试验，工业考核验证。

⑩ 编写产品样本和技术条件。

⑪ 绘制全系列的施工图。

8.2.3 标准减速器选用

本章第一节介绍的减速器已有标准系列产品，使用时只需结合所需传动功率、转速、传动比、工作条件和机器的总体布置等具体要求，从产品目录或有关手册中选择即可。对于有特殊要求而选不到合适的产品时，则需要自行设计制造。

标准减速器选用步骤简述如下：

(1) 确定减速器工况条件

依据实际需求，确定减速器的工况条件，如确定减速器所需要传递的最大功率，减速器的输入转速和输出转速，减速器输出轴与输入轴的相对位置及距离，减速器工作环境温度，工作中有无冲击振动、有无正反转要求、是否频繁启动以及在使用寿命上的要求等。

(2) 选择减速器类型

在选择减速器类型时，需要根据传动装置总体配置的要求，如所需的传动比、总体布局要求、实际的工作环境和工况条件，并结合不同类型减速器的效率、外廓尺寸或质量、使用范围、制造及运转费用等指标进行综合地分析比较，从而选择最合理的减速器类型。

(3) 确定减速器规格

在确定减速器类型的基础上，需要进一步依据输入转速、传动比、功率、输出扭矩等参数确定减速器具体规格；对于大型减速器还需要进行热平衡校核，主要包括减速器的功率校核、减速器的热平衡校核及减速器轴伸部位的强度校核。

8.3 非标准减速器合理设计

减速器设计中的传动装置由各种类型的零件、部件组成，其中主要的是传动零件，它关系到传动装置的工作性能、结构布置和尺寸大小。非标准减速器设计通常是根据设计要求，参考标准系列产品的有关资料进行设计，在设计时应该考虑的主要问题有：传动形式、传动布置、传动参数设计、传动件、支撑件和箱体等设计，还要考虑润滑、密封和散热等问题。

由于减速器是一个独立、完整的传动部件，为使其设计时的原始条件比较准确，通常是先进行减速器外部传动零件的设计计算,再进行减速器内部传动零件的设计计算。对减速器外部传动部件,如齿轮传动、蜗杆传动、带传动、链传动的设计在前面章节已做介绍,本节主要对减速器机体的结构设计和附件设计做简要介绍。

8.3.1 减速器的选型要点

减速器选型时应注意以下问题:

① 为改善齿轮和轴承工作受力条件,大型圆柱齿轮减速器宜采用分流式减速器,如图8-1 (b) 所示。分流式减速器的高速级齿轮常采用斜齿,一侧为左旋,另一侧为右旋,轴向力能互相抵消,两侧轴承载荷比较均匀。为了使左右两对斜齿轮能自动调整以便传递相等的载荷,其中较轻的小齿轮轴在轴向应能作小量游动。这种类型的减速器能够用于较大功率、变载的场合。

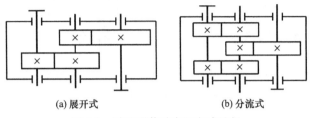

(a) 展开式   (b) 分流式

图 8-1 减速器传动布置方式选择

② 传动功率很大时,宜采用双驱动式或中心驱动式减速器,如图8-2所示。双驱动式或中心驱动式减速器的布置方式是由两对齿轮副分担载荷,因此有利于改善受力状况和减小传动尺寸。设计这种减速器时应设法采取自动平衡装置使各对齿轮副的载荷均匀分配,例如采用滑动轴承或弹性支承。

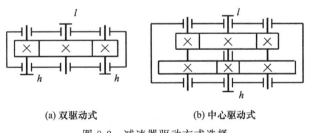

(a) 双驱动式   (b) 中心驱动式

图 8-2 减速器驱动方式选择

③ 以动力传动为主的传动,宜采用蜗杆-齿轮减速器。对于以动力传动为主,长期连续运转,功率较大的传动,宜采用蜗杆-齿轮减速器,如图8-3 (a) 所示。这是因为蜗杆传动在高速级时,滑动速度 v_c 较高,有利于齿面油膜形成,从而使摩擦因数下降,蜗杆传动效率提高。若传动功率不大,或以传递运动为主,则可以采用齿轮-蜗杆减速器,这样可以使结构较紧凑,如图8-3 (b) 所示。

④ 尽量避免采用立式减速器。减速器各轴排列在一条垂直线上时,称为

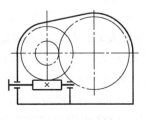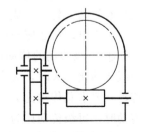

(a) 蜗杆-齿轮减速器   (b) 齿轮-蜗杆减速器

图 8-3 减速器传动类型选择

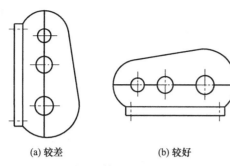

(a) 较差　　　　(b) 较好

图 8-4　减速器轴的空间布置方式选择

立式减速器，如图 8-4 所示。其主要缺点是上面的传动件润滑困难，分箱面容易漏油，在无特殊要求时，采用普通卧式减速器为好。

8.3.2　总体设计要点

① 传动装置应力求制成一个组件。如图 8-5 (a) 所示，三个齿轮的传动机构，各用一个支座分别固定在机座上；若改为三对轴承共用一个机座，传动质量、安装工艺性等都有明显的提高，如图8-5 (b) 所示。

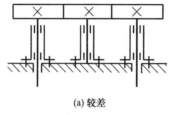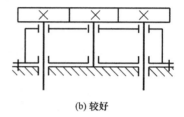

(a) 较差　　　　　　　　　(b) 较好

图 8-5　减速器机座装配

② 传动装置应形成一个封闭的独立部件。如图 8-6 (a) 所示蜗杆传动，蜗轮装在机座 1 上，蜗杆固定在箱体 2 中，再把箱体 2 固定在机座 1 上，不安装调整困难，而且难以达到高精度。若改为如图 8-6 (b) 所示，蜗杆、蜗轮都安装在箱体 3 中，再将箱体 3 固定在机座上，传动性能有很大提高。

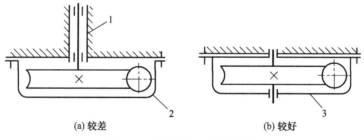

(a) 较差　　　　　　　　　(b) 较好

图 8-6　减速器传动装置装配
1—机座；2,3—箱体

③ 减速器底座与电动机一体易于安装调整。如图 8-7 (a) 所示传动系统，电动机、减速器、底座分别设置，安装时，电动机、减速器不易对中，同轴度误差较大，运转中若一底座稍有松动，将会造成整个系统运转不平稳，且阻力增加，影响传动质量。若如图 8-7 (b) 所示，将电动机底座与减速器底座制成一个整体，则便于安装调整，且运转情况良好。

④ 一级传动的传动比不可太大。在减速或增速传动中，每一级传动的传动比不宜太大。一级传动比太大时，大小轮相差悬殊，反而不如用二级传动合理。如图 8-8 (a) 所示，减速传动，要求总传动比 $i=16$，采用一级传动时，大小齿轮相差悬殊，尺寸不紧凑；采用二级传动时，每级传动比为 4，$i=4\times4$，则较为合理，如图 8-8 (b) 所示。

⑤ 在不对称齿轮轴系中，宜将小齿轮安排在远离转矩输入端。在二级或多级展开式齿轮减速器中，因齿轮在轴承间不对称布置，当轴弯曲或扭转变形后，会使轮齿沿齿宽方向载

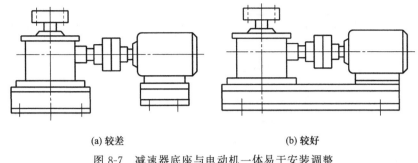

(a) 较差   (b) 较好

图 8-7 减速器底座与电动机一体易于安装调整

荷分布不均，如图 8-9（a）所示；应将小齿轮布置在远离转矩输入端，这样由于扭转变形可以抵消一部分由轴的弯曲变形而引起的齿宽载荷分布不均，因而改善齿面接触情况，提高承载能力，如图 8-9（b）所示。若高速级齿轮靠近转矩输入端，载荷分布不均现象会比远离转矩输入端时严重，设计时应避免。

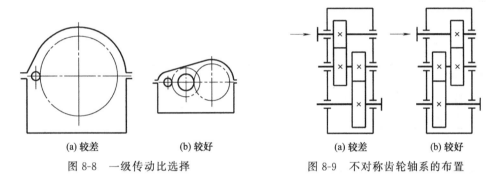

(a) 较差   (b) 较好   (a) 较差   (b) 较好

图 8-8 一级传动比选择   图 8-9 不对称齿轮轴系的布置

8.3.3 减速器箱体设计

减速器箱体是一个十分重要的零件，它的作用是保持传动件相对位置的正确，承受作用于减速器上的载荷，一般还兼做润滑的油箱。因此，减速器箱体的设计十分必要。减速器箱体机构受力较为复杂，目前尚无完整的理论设计方法，主要按经验数据和经验公式来确定。减速器机体结构尺寸如表 8-5 所示，参考图 8-10～图 8-12 和表 8-6。

表 8-5 减速器机体结构尺寸   mm

减速器机体结构尺寸由两齿轮中心距 a 计算得到,根据两齿轮的中心距 a 确定地脚螺栓尺寸,机座通过地脚螺栓与底板固定					
名称	代号	减速器箱体推荐尺寸			
			齿轮减速器	圆锥齿轮减速器	蜗杆减速器
机座壁厚	δ	一级	$\delta=0.025a+1\geqslant8$	$\delta=0.0125(d_{1m}+d_{2m})+1\geqslant8$ 或 $\delta=0.01(d_1+d_2)+1\geqslant8$ d_1,d_2——大、小圆锥齿轮的大端直径 d_{1m},d_{2m}——大、小圆锥齿轮的平均直径	$\delta=0.04a+3\geqslant8$
		二级	$\delta=0.025a+3\geqslant8$		
		三级	$\delta=0.025a+5\geqslant8$		
机盖壁厚	δ_1	一级	$\delta_1=0.2a+1\geqslant8$	$\delta_1=0.01(d_{1m}+d_{2m})+1\geqslant8$ 或 $\delta_1=0.0085(d_1+d_2)+1\geqslant8$	蜗杆在上：$\delta_1=\delta$ 蜗杆在下：$\delta_1=0.85\delta\geqslant8$
		二级	$\delta_1=0.2a+3\geqslant8$		
		三级	$\delta_1=0.2a+5\geqslant8$		

续表

减速器机体结构尺寸由两齿轮中心距 a 计算得到,根据两齿轮的中心距 a 确定地脚螺栓尺寸,机座通过地脚螺栓与底板固定

名称	代号	减速器箱体推荐尺寸		
		齿轮减速器	圆锥齿轮减速器	蜗杆减速器
机座凸缘厚	b	$b=1.5\delta$		
机盖凸缘厚	b_1	$b_1=1.5\delta_1$		
机座底凸缘	b_2	$b_2=2.5\delta$		
地脚螺栓直径	d_f	$d_f=0.036a+12$	$d_f=0.018(d_{1m}+d_{2m})+1\geqslant12$ 或 $d_f=0.015(d_1+d_2)+1\geqslant8$	$d_f=0.036a+12$
地脚螺栓数目	n	$a\leqslant250\text{mm}$ 时,$n=4$ $a>250\sim500\text{mm}$ 时,$n=6$ $a>500\text{mm}$ 时,$n=8$	$n=\dfrac{机座凸缘同长之半}{200\sim300}\geqslant4$	4
轴承旁螺栓直径	d_1	$d_1=0.75d_f$		
机盖与机座连接螺栓直径	d_2	$d_2=(0.5\sim0.6)d_f$		
连接螺栓 d_2 的间距	l	$l=150\sim200$		
轴承盖螺栓直径	d_3	$d_3=(0.4\sim0.5)d_f$		
窥视孔盖螺栓直径	d_4	$d_4=(0.3\sim0.4)d_f$		
定位销直径	d	$d=(0.7\sim0.8)d_2$		
螺栓至机壁距离	C_1	C_1 及 C_2 查表 8-6		
螺栓到凸缘外缘距离	C_2			
轴承旁凸台半径	R_1	$R_1=C_2$		
凸台高度	h	以低速级轴承座外径确定,便于扳手空间(要满足 C_1、C_2 的要求)		
外壁至轴承座端面距离	l_1	与计算轴的长度有关 $l_1=C_1+C_2+(5\sim10)$		
大齿轮齿顶圆 与箱内壁的距离	Δ_1	$>1.2\delta$		
齿轮端面与内机壁间的距离	Δ_2	$>\delta$,注意小齿轮要宽于大齿轮		
机盖厚度	m_1	$m_1\approx0.85\delta_1$		
机座筋厚	m	$m\approx0.85\delta$		
轴承端盖外径	D_2	$D_2=$ 轴承孔直径(外径)$+(5\sim5.5)d_3$, 对于嵌入式端盖,$D_2=1.25D+10$(D 为轴承外径)		
轴承端盖凸缘厚度	t	$t=(1\sim1.2)d_3$		
轴承旁连接螺栓的距离	S	尽量靠近,以 Md_1 和 Md_3 互不干涉为准,一般取 $S\approx D_2$		
底座深度	H	$0.5d_a+(30\sim50)$(d_a 为齿顶圆直径)		

注:多级传动时,a 取低速级中心距。对圆锥-圆柱齿轮减速器,按圆柱齿轮传动中心距取值。

表 8-6　螺栓的 C_1、C_2 尺寸　　　　　　　mm

螺栓直径	M8	M10	M12	M16	M20	M22	M24	M27
$C_{1\min}$	13	16	18	22	26	28	34	36
$C_{2\min}$	11	14	16	20	24	25	28	32
沉头直径	20	24	26	32	40	42	48	54

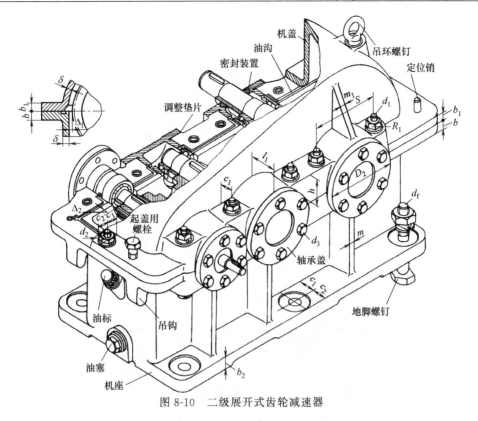

图 8-10 二级展开式齿轮减速器

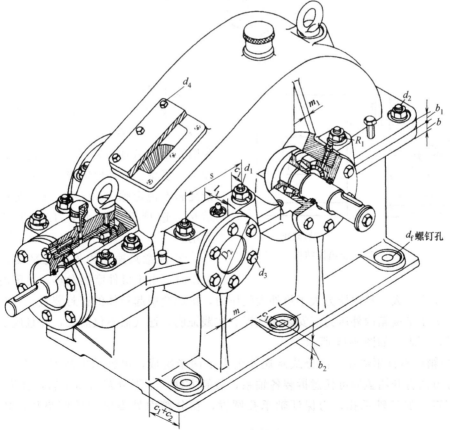

图 8-11 一级圆锥齿轮减速器

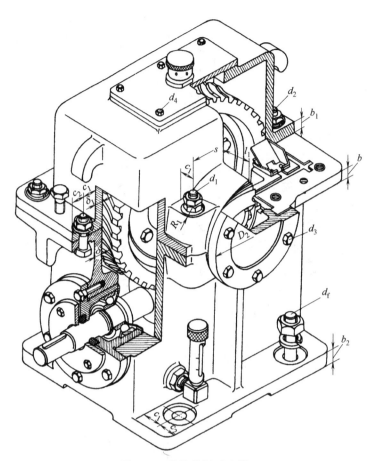

图 8-12　蜗轮蜗杆减速器

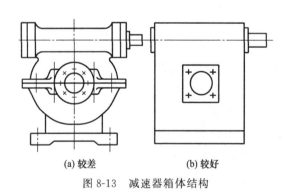

(a) 较差　　　　(b) 较好

图 8-13　减速器箱体结构

减速器箱体结构设计要点：

① 减速器箱体结构设计应符合实用、经济、美观三原则。如图 8-13 （a）所示，为旧式蜗杆减速器箱体，形状复杂，制造、加工、喷漆、清理比较费力，其造型给人以杂乱和不稳定感。图 8-13 （b）所示为新式结构，造型简洁明快，工艺性好，经济实用。

② 注意减速器内外压力平衡。减速器工作时，由于机件摩擦发热，使箱内空气温度上升，压力增大，箱内压力大于箱外大气压力，由此会引起箱体的密封装置、分箱面等部位漏油。为了平衡箱内外压力应安装通气器。实践证明，通气器不仅需要，并且应设计足够大才能满足要求，如图 8-14 所示。

③ 分箱面不宜用垫片。剖分式减速器由上下两半组成，由轴承中间把箱体分为两半，这种剖分方法打开箱盖即可任意拆装各轴系，装卸方便。上下分箱面加工后，合拢上下箱，用螺钉固定，加工轴承孔，为保证轴承孔圆度，在分箱面处不应加任何垫片，如图 8-15 所示。

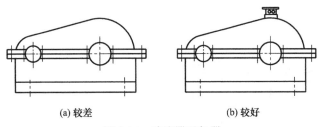

(a) 较差　　　　　　　　　(b) 较好

图 8-14　减速器通气器

④ 立式箱体应防止剖分面漏油。立式减速器的箱体最下部分的分箱面处是最容易漏油的部位，为解决漏油问题，可采用整体式箱体结构，如图 8-16 (a) 所示；但此结构安装困难，因此可以把箱体分为三部分 A、B、C，用螺栓连接起来，如图 8-16 (b) 所示，最下面的部分 A 是一个整体的零件，安装方便又不易漏油，这种结构适用于中心距较大的传动。

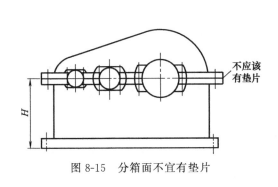

图 8-15　分箱面不宜有垫片

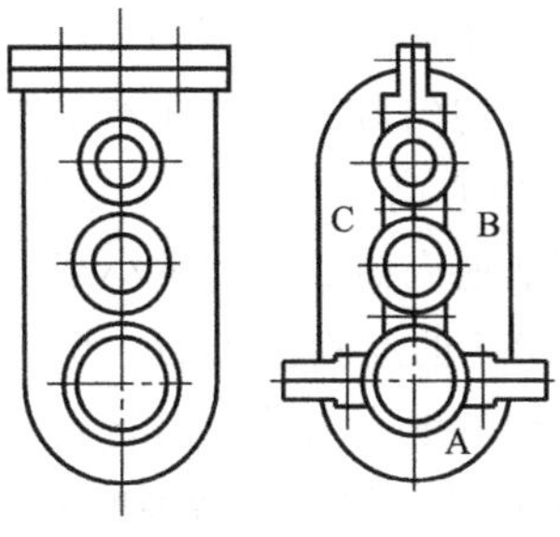

(a) 较差　　　(b) 较好

图 8-16　立式减速器箱体

⑤ 铸件箱体壁厚力求均匀，若结构要求各处薄厚不一，由厚到薄应采取平缓的过渡结构，其结构尺寸如表 8-7 所示。

表 8-7　铸件过渡部分尺寸　　　　　　　　　　　　　　　　mm

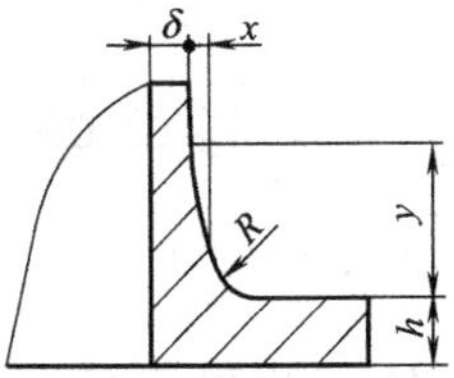 铸件壁厚 h	x	y	R
10～15	3	15	5
15～20	4	20	5
20～25	5	25	5

⑥ 为保证箱座的刚性，底部凸缘的接触宽度 B 应超过箱座内壁位置，如图 8-17 所示。

⑦ 对于二级三轴圆柱齿轮减速器，其高速级小齿轮所在一侧的箱体外表面圆弧尺寸可以这样确定：在主视图上先画出小齿轮轴承旁的凸台结构，然后根据凸台结构不超过箱盖外壁的要求，选取一个合适尺寸 R 作为圆弧半径，但该圆弧半径 R 要大于凸台处圆弧半径 R'，那么以圆弧半径 R 画圆弧即是该处箱盖的轮廓。当主视图上小齿轮一侧的箱盖结构确定后，再将

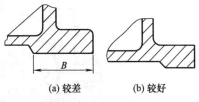

(a) 较差　　　(b) 较好

图 8-17　底部凸缘宽度

有关部分投影到俯视图上，便可画出该小齿轮一侧的箱体内壁、外壁和箱缘等结构。画图时的投影关系如图 8-18 所示。设计时若取轴承凸台结构超过箱盖外壁，画图的投影关系如图

8-19 所示。

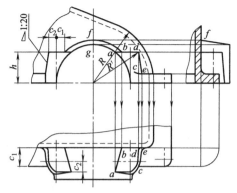

图 8-18　小齿轮箱盖轮廓的确定

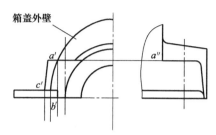

图 8-19　凸台结构超过箱盖外壁

⑧ 为保证箱盖、箱座连接的紧密性，箱缘连接螺栓的间距一般不大于 $100 \sim 150$mm，布置尽量均匀对称，并注意不要与吊耳、吊钩和定位销干涉。

⑨ 中心高。为避免传动件回转时将油池底部沉积的污物搅起，要求低速级大齿轮的齿顶圆到油池底面的距离不小于 $30 \sim 50$mm，如图 8-20 所示。由此可以确定减速器的中心高，或按表 8-5 的经验公式 $H = 0.5d_a + (30 \sim 50)$ 算出底座深度 H 值，再验算低速级大齿轮的齿顶圆到油池底面的距离是否大于 $30 \sim 50$mm。

⑩ 箱盖、箱座用普通螺栓连接，与螺栓头部及垫圈相接触的箱缘支承面要进行机械加工，为减少加工面，一般多采用沉头座的结构形式。沉头座用锪刀锪平为止，画图时可画成 $2 \sim 3$mm 深，如图 8-21 所示。

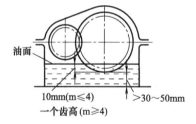
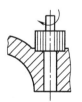
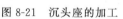

图 8-20　减速器油面及油池深度

图 8-21　沉头座的加工

⑪ 紧固螺栓（轴承旁上盖、下盖）其两螺栓的间距规定 $S = D_2$，再保证 C_1 和 C_2，就能确定凸台的高度。注意 d_3 尽量不要安排在水平线上，容易与 d_1 干涉，如图 8-22 所示。

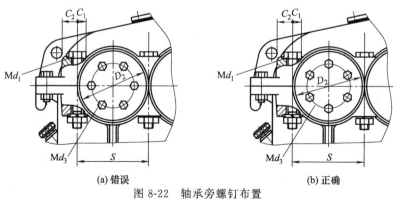

(a) 错误　　　　　　　　　　　　(b) 正确

图 8-22　轴承旁螺钉布置

⑫ 箱体应有良好的加工工艺性。设计箱体结构形状时，应尽量减少加工面积。如图8-23所示为箱座底面的一些结构形式，图（a）所示结构不合理，加工面积太大，且难以支撑平整；图（c）所示结构较合理；当底面较短时，常采用图（b）或图（d）所示结构。

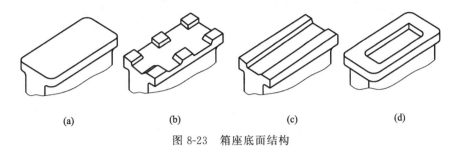

图 8-23　箱座底面结构

箱体上的加工面应与非加工面分开，不放在同一平面内，因此箱体与轴承端盖、窥视孔盖、通气器、吊环螺钉、油标、油塞等结合处应设计出凸台，凸台凸起5~8mm，如图8-24所示。

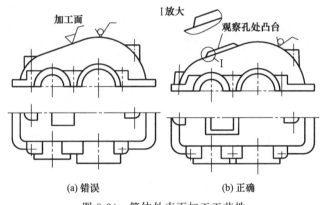

图 8-24　箱体外表面加工工艺性

8.4　附件设计

为了保证减速器正常工作和具备完善的性能，如检查传动件啮合情况、注油、排油、通气和便于安装、吊运等，减速器箱体上常设置某些必要的装置和零件，这些装置和零件及箱体上相应的局部结构统称为附件。减速器附件设计同样重要。减速器附件设计详细参数计算可参考相关手册，本节重点介绍设计时需注意的问题。

8.4.1　窥视孔

窥视孔用来检查传动零件的啮合、润滑情况等，并可由该孔向箱内注入润滑油；平时窥视孔盖用螺钉封住。为防止污物进入箱内及润滑油渗漏，在盖板与箱板之间加有纸质封油垫片，还可在孔口处加过滤装置，以过滤注入油中的杂质。

窥视孔的位置应开在齿轮啮合区的上方，便于观察齿轮啮合情况，并有适当的大小，以便能伸手进入检查。如图8-25（a）所示窥视孔只能见到大齿轮，而看不见齿轮的啮合情况，结构不合理，若改为图（b）所示结构就合理了。

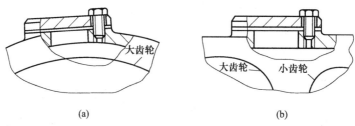

图 8-25　窥视孔的位置

　　窥视孔平时用窥视盖板盖住，窥视盖板可用铸铁、钢板或有机玻璃制成。窥视盖板与箱盖之间应加密封垫片，并用螺钉连接。窥视孔及窥视盖板的结构尺寸根据减速器中心距选择，尺寸如表 8-8 所示。

表 8-8　窥视孔及窥视盖　　　　　　　　　　mm

盖板尺寸 $l_1 \times b_1$	螺钉孔尺寸 $l_2 \times b_2$	窥视孔尺寸 $l_3 \times b_3$	连接螺钉 d 孔径	孔数	盖板厚 δ	圆角 R	减速器中心距 a
90×70	75×55	60×40	7	4	4	5	一级 $a\leqslant150$
120×90	105×75	90×60	7	4	4	5	一级 $a\leqslant250$
180×140	165×125	150×110	7	8	4	5	一级 $a\leqslant350$
200×180	180×160	160×140	11	8	4	10	一级 $a\leqslant450$
220×200	200×180	180×160	11	8	4	10	一级 $a\leqslant500$
270×220	240×190	210×160	11	8	6	15	一级 $a\leqslant700$
140×120	125×105	110×90	7	8	4	5	二级 $a_\Sigma\leqslant250$，三级 $a_\Sigma\leqslant350$
180×140	165×125	150×110	7	8	4	5	二级 $a_\Sigma\leqslant425$，三级 $a_\Sigma\leqslant500$
220×160	190×130	150×100	11	8	4	15	二级 $a_\Sigma\leqslant500$，三级 $a_\Sigma\leqslant650$
270×180	240×150	210×120	11	8	6	15	二级 $a_\Sigma\leqslant650$，三级 $a_\Sigma\leqslant825$
350×220	320×190	290×160	11	8	10	15	二级 $a_\Sigma\leqslant850$，三级 $a_\Sigma\leqslant1000$
420×260	390×230	350×200	13	10	10	15	二级 $a_\Sigma\leqslant1100$，三级 $a_\Sigma\leqslant1250$
500×300	460×260	420×220	13	10	10	20	二级 $a_\Sigma\leqslant1150$，三级 $a_\Sigma\leqslant1650$

注：窥视盖板材料为 Q235A。

8.4.2　通气器

　　通气器通常安装在箱盖顶部或窥视孔盖板上，以使箱内热空气自由逸出。通气器的结构不仅要有足够的通气能力，还要能防止灰尘进入箱内，故通气孔不要直通顶端。

通气器分为通气螺塞和网式通气器两种。清洁的环境用通气螺塞，如表8-9所示，通气防尘能力较差，适用于发热小和环境清洁的小型减速器。灰尘较多的环境用网式通气器，如表8-10所示，网式通气器内部做成各种曲路并有金属网，防尘效果好，但结构复杂，尺寸较大，适用于比较重要的减速器。

表 8-9　通气螺塞及手提式通气器　　　　　　　　　　　　　　　　　　mm

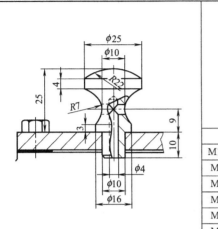

s—螺母扳手宽度

d	D	D_1	s	L	l	a	d_1
M12×1.25	18	16.5	14	19	10	2	4
M16×1.5	22	19.6	17	23	12	2	5
M20×1.5	30	25.4	22	28	15	4	6
M22×1.5	32	25.4	22	29	15	4	7
M27×1.5	38	31.2	27	34	18	4	8
M30×1.5	42	36.9	32	36	18	4	8

表 8-10　通气罩　　　　　　　　　　　　　　　　　　　　　　　　mm

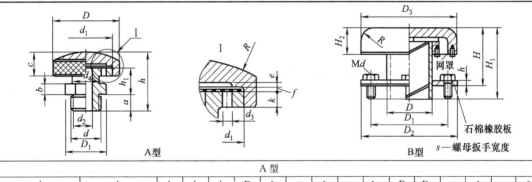

A型　　　　　　　　　　　　　　　　　　　B型　　s—螺母扳手宽度

A 型															
d	d_1	d_2	d_3	d_4	D	h	a	b	c	h_1	R	D_1	s	k	e	f
M18×1.5	M33×1.5	8	3	16	40	40	12	7	16	18	40	26.4	22	6	2	2
M27×1.5	M48×1.5	12	4.5	24	54	54	15	10	22	24	60	36.9	32	7	2	2
M36×1.5	M64×1.5	16	6	30	70	70	20	13	28	32	80	53.1	41	7	3	3

B 型									
D	D_1	D_2	D_3	H	H_1	H_2	R	h	Md(d×l)
60	100	125	125	77	95	35	20	6	M10×25
114	200	250	260	165	195	70	40	10	M20×50

8.4.3　油塞

为排除油污或更换减速器内部污油，在减速器箱座底部油池最低处设置排油孔，箱座内底面做成1°~1.5°外倾斜面，在排油孔附近做成凹坑，以便能将污油放尽。排油孔平时用放油螺塞堵住。

箱壁排油孔处应有凸台，并加工沉孔，放封油圈以增强密封效果。放油螺塞有六角头圆柱细牙螺纹和圆锥螺纹两种。圆柱螺纹油塞本身不能防止漏油，应在六角头与放油孔接触处加封油垫片。而圆锥螺纹油塞能直接密封，故不需封油垫片。放油螺塞直径可按减速器箱座壁厚的 2～2.5 倍选取。

如图 8-26 (a) 所示放油孔位置和结构较好；图 8-26 (b) 所示的螺孔在加工时有半边攻螺纹现象；图 8-26 (c) 所示的放油孔位置太高，油污放不尽。放油螺塞的尺寸参数见表 8-11。

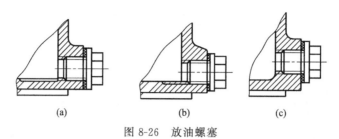

图 8-26　放油螺塞

表 8-11　放油螺塞　　　　mm

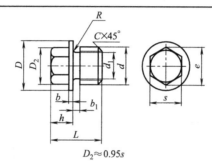

$D_2 \approx 0.95s$

d	d_1	D	e	s 基本尺寸	s 极限偏差	L	h	b	b_1	R	C	质量/kg
M12×1.25	10.2	22	15	13	0 −0.24	24	12	3	3	1	1.0	0.032
M20×1.5	17.8	30	24.2	21	0	30	15					0.090
M24×2	21	34	31.2	27	−0.28	32	16	4	4		1.5	0.145
M30×2	27	42	39.3	34	0 −0.34	38	18					0.252

8.4.4　油标装置

为了观察或检查油池中的油面高度，要在箱体便于观察和油面较稳定的部位设置油面指示器。油面指示器分为油标尺和油标两类。

（1）油标尺

油标尺的结构和安装方式如图 8-27 所示。如图 8-27 (a) 所示为最常用的结构和安装方式；图 (b) 所示为装有隔离套的油标结构，可减轻油搅动的影响，稳定油标尺上的油痕位置，以便在运转时检测油面高度；图 (c) 所示为直装式，适于箱座较矮不便采用侧装式时使用，结构带有通气孔，可代替通气器；图 (d) 所示为简易油标尺。

油标尺结构简单，应用较多。标尺上刻有最高最低油面标线，分别表示极限油面的允许值，如图 8-28 所示。检查时，拔出油标尺，根据尺上的油痕判断油面高度是否合适。

油标尺一般安装在箱体侧面。如图 8-29 所示，当采用侧装式油标尺时，设计时应注意其在箱座侧壁上的安置高度和倾斜角（指油标尺与底平面夹角），若安置高度太低或倾斜角太小，

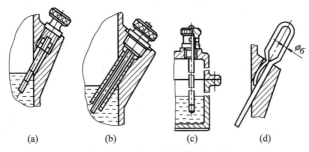

图 8-27 油标尺的结构和安装

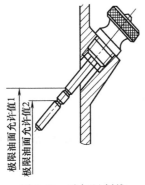

图 8-28 油标尺刻线

图 8-29 油标尺的位置

箱内的油易溢出；若安置高度太高或倾斜角太大，油标尺难以拔出，插孔也难以加工。因此设计时应满足不溢油、易安装、易加工的要求，同时保证油标尺倾斜角大于或等于45°。

（2）油标

油标用来指示箱内油面高度，它设置在便于检查及油面稳定之处，如低速级传动件附近。油标的结构很多，有旋塞式油标、圆形油标和长形油标，其尺寸规格已有国家标准，选用方便，但结构复杂，密封要求高，多用于较为重要的减速器中。

8.4.5　定位销

为保证箱体轴承座孔的镗孔精度和装配精度，在精加工轴承座孔前，在箱体连接凸缘长度方向的两端，各装配一个定位销，为提高定位精度，两定位销应布置在箱体对角线方向，距箱体中心线不要太近。此外，还要考虑到加工和装拆方便，而且不与吊钩、螺栓等其他零件发生干涉。

定位销是标准件，有圆柱销和圆锥销两种结构。通常采用圆锥销，一般圆锥销的直径是箱体凸缘连接螺栓直径的 0.7～0.8 倍，其长度应大于箱体连接凸缘总厚度，使两头露出，以便于拆装，如图 8-30（b）所示。图 8-30（a）所示定位销太短，安装拆卸不便。

8.4.6　起盖螺钉

由于上箱盖与机座接合面处涂有密封胶，连接后接合较紧，不易分开，为了便于抬起上箱盖，在上箱盖外侧的凸缘上装有 1～2 个起盖螺钉，在起盖时，可先拧

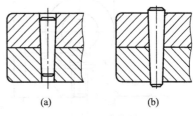

图 8-30 定位销

动此螺钉顶起上箱盖。起盖螺钉直径约与箱体凸缘连接螺栓直径相同，最好与连接螺栓布置在同一直线上，便于钻孔。起盖螺钉的螺纹有效长度应大于上箱盖凸缘厚度，如图 8-31（a）所示，钉杆端做成圆柱形，大倒角或半圆形，以免破坏螺纹；图（b）所示结构起盖螺钉螺纹长度太短，起盖时较困难；图（c）所示结构下箱体不应有螺纹，也属不合理结构。

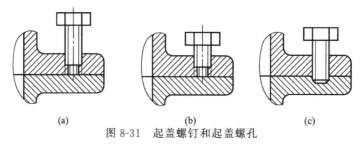

图 8-31　起盖螺钉和起盖螺孔

8.4.7　起吊装置

起吊装置有吊环螺钉、吊耳、吊钩等，供搬运减速器使用。

吊耳或吊耳环常在箱盖上铸出，用于起吊箱盖或轻型减速器，但不允许起吊整台减速器。吊钩在箱座两端凸缘下部直接铸出，其宽度一般与箱壁外凸缘宽度相等，吊钩可以起吊整台减速器。

吊环螺钉是标准件，按起吊重量选取其公称直径。

吊耳、吊钩和吊环螺钉的结构尺寸如表 8-12 和表 8-13 所示。

表 8-12　吊耳、吊钩

结构图		
(a) 吊耳(起吊箱盖用)	(b) 吊耳环(起吊箱盖用)	(c) 吊钩(起吊整机用)
尺寸 $c=(4\sim5)\delta_1$ $c_1=(1.3\sim1.5)c$ $b=2\delta_1$ $R=c_1,r_1=0.225c$ $r=0.275c$ δ_1 为箱盖壁厚	$d=(1.8\sim2.5)\delta_1$ $R=(1\sim1.2)d$ $e=(0.8\sim1)d$ $b=2\delta_1$	$B=c_1+c_2(1.8\sim2.5)\delta_1$ $H\approx0.8B$ $h\approx0.5H$ $r\approx0.25B$ $b=2\delta$　δ 为箱座壁厚 c_1、c_2 为扳手空间尺寸

表 8-13　吊环螺钉　　　　　　　　　　　　　　　mm

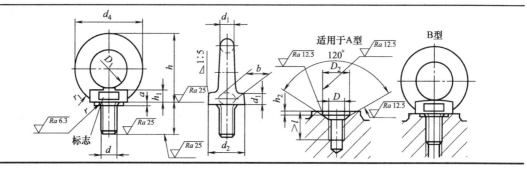

续表

螺纹规格 d	M8	M10	M12	M16	M20	M24	M30
d_1(max)	9.1	11.1	13.1	16.2	17.4	21.4	25.7
D_1(公称)	20	24	28	34	40	48	56
d_2(max)	21.1	25.1	29.1	35.2	41.5	49.4	57.7
h_1(max)	7	9	11	13	16.1	19.1	23.2
h	18	22	26	31	36	44	53
d_4(参考)	36	44	52	62	72	88	104
r_1	4	4	6	6	8	12	15
r(min)	1	1	1	1	1	2	2
l(公称)	16	20	22	28	35	40	45
a(max)	2.5	3	3.5	4	5	6	7
b	10	12	14	16	19	24	28
D_2(公称 min)	13	15	17	22	28	32	38
h_2(公称 max)	2.5	3	3.5	4.5	5	7	8
最大起吊重量/kN 单螺钉起吊	1.6	2.5	4	6.3	10	16	25
最大起吊重量/kN 双螺钉起吊	0.8	1.25	2	3.2	5	8	12.5

减速器重量 W(kN)与中心距 a 的关系(供参考)(软齿面减速器)

一级圆柱齿轮减速器					二级圆柱齿轮减速器				
a	100	160	200	250	315	a	100×140	140×200	180×250	200×280	250×355
W	0.26	1.05	2.1	4	8	W	1	2.6	4.8	6.8	12.5

注：1. 螺钉采用 20 或 25 钢制造，螺纹公差为 8g。

2. 表中 M8～M20 均为商品规格。

设计吊环螺钉与箱盖连接时应注意：

① 吊环螺钉连接处凸台应有一定高度。如图 8-32 （a）所示，吊环螺钉连接处凸台高度不够，螺纹连接的圈数太少，连接强度不够，应考虑加高；如图 8-32 （b）所示结构较为合理。

② 吊环螺钉连接要考虑工艺性，如图 8-32 （a）所示，箱盖内表面螺钉处无凸台，加工时容易偏钻打刀；上部支承面未锪削出沉头座；螺钉根部的螺孔未扩孔，螺钉不能完全拧入。综上原因，图 8-32 （b）所示结构较为合理。

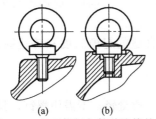

(a)　　　　(b)

图 8-32　吊环螺钉与箱盖连接的设计

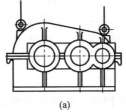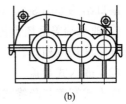

(a)　　　　(b)

图 8-33　减速器吊运

③ 减速器箱盖上设置的吊环或吊耳，主要是用来吊运箱盖的，当减速器重量较大时，禁止使用吊环或吊耳吊运整个箱体，如图 8-33（a）所示，只有当减速器重量较轻时，才可以考虑使用吊环或吊耳吊运整机。减速器较重时，吊运下箱或整机时应使用下箱座上设置的吊钩，如图 8-33（b）所示。

8.4.8　轴承端盖

轴承端盖是用来对轴承部件进行轴向固定的，它承受轴向载荷，可以调整轴承间隙，并起密封作用。轴承端盖有凸缘式和嵌入式两种。根据轴是否穿过端盖，轴承端盖又分为透盖和闷盖两种。透盖中央有孔，轴的外伸端穿过此孔伸出箱体，穿过处需有密封装置。闷盖中央无孔，用在轴的非外伸端。

（1）凸缘式轴承端盖

凸缘式端盖调整轴承间隙比较方便，密封性能好，用螺钉固定在箱体上，应用广泛；但外缘尺寸较大。

凸缘式轴承端盖的结构尺寸如图 8-34 及表 8-14 所示。

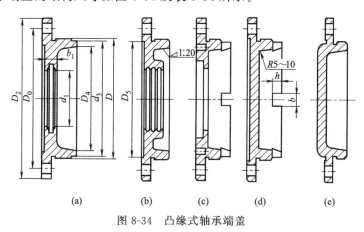

(a)　　　　(b)　　　　(c)　　　　(d)　　　　(e)

图 8-34　凸缘式轴承端盖

如图 8-34 所示，图（a）所示是用于油毛毡密封的透盖，图（b）所示是用于轴承为油沟式密封的透盖，图（c）、（d）所示分别是用于轴承为油润滑的透盖和闷盖，图（e）是用于轴端用圆螺母固定零件的端盖。

轴承端盖结构设计要点：

① 凸缘式轴承端盖与箱座孔配合处较长时，为了减小接触面积，应在端部车出一段较小直径，使之配合长度为 e_1，但配合长度 e_1 也不能太短，以免拧紧螺钉时端盖歪斜，一般取 $e_1 = (0.1 \sim 0.15)D$，D 为轴承外径。

② 为使由箱体结合面油沟输入的润滑油能润滑滚动轴承，应该将轴承端盖的端部车出较小的直径并铣出缺口，这样装配时油沟的润滑油就能流经缺口，进入轴承腔内进行润滑了。缺口结构如图 8-34（d）所示，尺寸如表 8-14 所示。

③ 轴承端盖毛坯为铸件时，应注意铸造工艺性，如应有合适的起模斜度和铸造圆角，各部分厚度均应相等。

（2）嵌入式端盖

嵌入式端盖与凸缘式端盖相比，其结构简单，外径尺寸小，质量轻，不需用螺钉，只依靠凸起部分就可以嵌入轴承座相应的槽中，安装后外表平整美观，还可以使外伸轴的伸出长度缩短，有利于提高轴的强度和刚度；但密封性较差，易漏油，而且调整轴承间隙比较麻烦，主要用于要求质量轻、结构紧凑的场合。

嵌入式轴承端盖的结构尺寸如表 8-15 所示。

表 8-14　凸缘式轴承盖　　　　　　　　　　　　　　　　　　mm

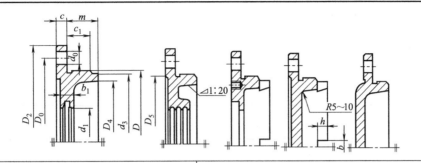

$d_0 = d_3 + 1$（d_3——轴承盖连接螺栓直径，尺寸见右表）

$D_0 = D + 2.5d_3$；$D_2 = D_0 + 2.5d_3$；$D_4 = D - (10 \sim 15)$

$D_5 = D_0 - 3d_3$；$D_6 = D - (2 \sim 4)$

$e = (1 \sim 1.2)d_3$；$b = 5 \sim 10$

$e_1 \geqslant e$，$h = (0.8 \sim 1)b$

b_1、d_1 由密封尺寸确定

m 由减速器箱体结构确定

当端盖与套杯相配时,图中 D_0 和 D_2 应与套杯相一致

轴承连接螺钉直径 d_3

轴承外径 D	螺钉直径	螺钉数目
$45 \sim 65$	M6～M8	4
$70 \sim 100$	M8～M10	4～6
$110 \sim 140$	M10～M12	6
$150 \sim 230$	M12～M16	6

表 8-15　嵌入式轴承盖　　　　　　　　　　　　　　　　　　mm

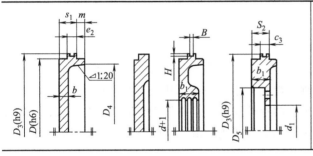

$e_2 = 8 \sim 12$；$S_1 = 15 \sim 20$

$e_3 = 5 \sim 8$；$S_2 = 10 \sim 15$

m 由结构确定

$b = 8 \sim 10$

$D_2 = D + e_2$，装有 O 形圈的,按 O 形圈外径取整

D_5、d_1、b_1 等由密封尺寸确定

H、B 按 O 形圈的沟槽尺寸确定

（3）轴承套杯

轴承套杯用于轴承的轴向固定，特别是当几个轴承组合在一起的时候，采用套杯结构，将使轴承固定和拆装更为方便。当同一轴线的两端轴承外径不相等时，可考虑在轴承内孔内设置套杯，可以使两端轴承座孔保持一致；还可以利用套杯调整齿轮、蜗杆的轴向位置，保证传动副的啮合精度。

当套杯要求在座孔中沿轴向进行调整时，一般配合为 H6/k6；若不需要移动时，则采用过盈配合，一般为 H6/js6。这时凸缘很小，且不用螺钉孔。

套杯式轴承端盖的结构尺寸如表 8-16 所示。

（4）调整垫片组

调整垫片组可用来调整轴承间隙或游隙以及轴的轴向位置。垫片组由多片厚度不同的垫片组成，使用时可根据调整需要组成不同的厚度。垫片的厚度及片数如表 8-17 所示，也可自行设计。垫片材料多为软钢片或薄铜片。

表 8-16　套杯　　　　　　　　　　　　　　　　　　　　　mm

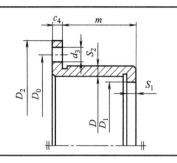

D 为轴承外径
$S_1 \approx S_2 \approx e_4 = 7 \sim 12$
m 由结构确定
$D_0 = D + 2S_2 + 2.5d_3$
$D_2 = D_0 + 2.5d_3$
D_1 由轴承安装尺寸确定

表 8-17　调整垫片组

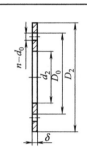

组别	A			B			C		
厚度 δ/mm	0.5	0.2	0.1	0.5	0.15	0.1	0.5	0.15	0.12
片数 z	3	4	2	1	4	4	1	3	3

备注：①材料为冲压铜片或 08 钢片抛光
②凸缘式轴承端盖用调整垫片
$d_2 = D + (2 \sim 4)\text{mm}$，$D$ 为轴承外径
D_0，D_2，n，d_0 均由轴承端盖结构决定
③嵌入式轴承端盖用的调整环 $D_2 = D - 1\text{mm}$
d_2 按轴承外圈的安装尺寸决定
④建议准备 0.05mm 垫片若干，以备调整微量间隙用

8.5　减速器的润滑、冷却和散热

8.5.1　减速器的润滑

减速器的传动件和轴承都需要良好的润滑；润滑不但可以减少摩擦、磨损，提高效率，还可以防锈、冷却和散热。减速器传动件润滑多采用油润滑，其润滑方式有浸油润滑和喷油润滑。设计减速器时应保证箱体内有足够空间存放润滑油，以保证润滑及散热需求，同时要方便更换或加注润滑油。减速器轴承常采用油润滑或脂润滑，因此设计减速器时要注意以下几点：

① 圆周速度较高的齿轮减速器，不宜采用油池润滑。齿轮减速器圆周速度 $v > 12\text{m/s}$ 时，由于浸入油池中的齿轮速度较高，由齿轮带上的油会被离心力甩出去而送不到啮合处。由于搅油而起泡沫，将使油温升高并使润滑油快速老化，而且搅油会搅起箱底油泥，使齿轮和轴承加速磨损。因此对圆周速度较高的齿轮减速器，不宜采用油池润滑，最好采用喷油润滑，有利于迅速带出热量，降低温度。

② 各级传动齿轮忌浸油深度差距过大。在二级或多级齿轮减速器中，为保证良好的润滑状况，通常应使各级传动大齿轮浸入油中深度近似相等，如果发生某一级大齿轮浸不到油，而另一级大齿轮又浸油过深［如图 8-35（a）］而增加搅油损失时，应采取措施改进，如图 8-35（b）所示，可以合理分配传动比，使两级大齿轮直径近似相等；或者如图 8-35（c）所示，对高速级齿轮采用惰轮蘸油润滑；还可以如图 8-35（d）所示，将减速器箱盖和箱座的剖分面做成倾斜的，从而使高速级和低速级传动齿轮的浸油深度大致相等。

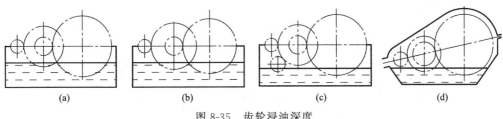

图 8-35 齿轮浸油深度

③ 浸油深度。为保证齿轮啮合处充分润滑，并避免搅油损耗过大，减少齿轮运动的阻力和油的温升，所以传动件浸入油中的深度不宜太浅或太深。浸油深度为高速级大齿轮的 1～2 个全齿高；速度高的还应该浅些，建议在 0.7 倍齿高左右，但不小于 10mm；速度低（$v \leq 0.5 \sim 0.8$m/s）的也允许浸入深些，可达到 1/6～1/3 的齿轮半径；更低速时，甚至可达到 1/3 的齿轮半径。

润滑圆锥齿轮传动时，齿轮浸入油中的深度应达到轮齿的整个宽度。对于油面有波动的减速器（如船用减速器），浸油宜深些，但此时浸油深度不得超过低速级大齿轮的齿顶圆半径的 1/3。

当蜗杆上置式传动时，则蜗轮浸入油中的深度也应等于或刚超过一个全齿高。

④ 注意导油沟与回油沟结构的不同。为了润滑轴承而设的油沟称导油沟。在箱盖剖分面处有斜边，能使飞溅到箱盖上的油顺利流入导油沟再经导油沟流至轴承内，如图 8-36（a）所示。为了提高密封性能，防止油从剖分面处渗出而设的油沟称回油沟。与导油沟不同的是箱盖剖分面处不做斜边，使飞溅至箱盖上的油直接流回油池。回油沟不与轴承相通，从剖分面处渗出的油流至回油沟后再经若干斜槽流回油池，从而防止外渗，如图 8-36（b）所示。

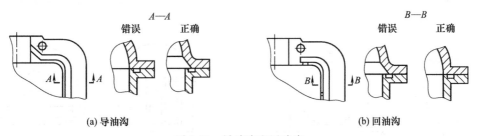

图 8-36 导油沟和回油沟

8.5.2 减速器的冷却、散热

减速器冷却方式有风冷、水冷和油冷。

① 风扇冷却。当减速器的散热面积不够时，可在高速轴的输入端装一风扇，或在高速轴两端的轴伸上各装一风扇，使风流吹向箱体表面，增加散热效果，提高热功率。

② 盘状冷却水管。将盘状冷却水管置于箱体下部的润滑油中，内部通过流动冷却水以带走润滑油中的热量。盘管可用玻璃纹管或铜管弯制，冷却面积和冷却水量可按传热计算确定。

③ 喷油润滑系统。喷油润滑系统包括油箱、油泵、过滤器、冷却器、加热器和控制系统等，可单独集成一油站，也可紧凑地附于减速器旁边，与减速器组成一体，如图 8-37 所示，此时，减速器的下箱体就作为油箱使用。采用喷油润滑时，减速器尚需设分油器、节流

器、油流显示和喷油嘴等。

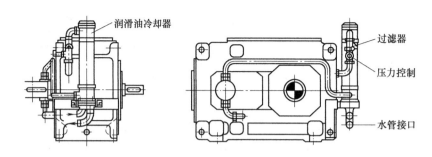

图 8-37　集润滑系统于一体的减速器

设计减速器散热器时应注意以下情况

① 当齿轮的圆周速度超过 13~15m/s，离心力过大造成齿面润滑不足时，或采用风扇、盘管冷却仍不能带走产生的热量时，或仅靠飞溅的润滑油不足以冷却轴承时，减速器需采用喷油润滑冷却。有些满负荷启动的减速器也要求喷油润滑冷却。

② 蜗杆减速器冷却用风扇宜装在蜗杆轴上，如图 8-38 所示。当蜗杆传动只靠自然通风不能达到散热要求时，可以采用风扇吹风冷却，吹风用的风扇应装在蜗杆上而不应装在蜗轮上，因为蜗杆的转速较高。冷却蜗杆传动所用的风扇与一般生活中的电风扇不同，电风扇向前吹风，而冷却蜗杆传动的风扇向后吹风，风扇外有一个罩起引导风向的作用。

蜗杆减速器表面面积不能满足散热要求时，要在表面加散热片以增加散热面积。蜗杆减速器外面散热片的方向与冷却方法有关，如图 8-39 所示，蜗杆减速器中，当没有风扇时，靠自然通风冷却，因为空气受热后上浮，散热片应取上下方向；有风扇时，风扇向后吹风，散热片应取水平方向。应注意风扇宜装在蜗杆轴上。

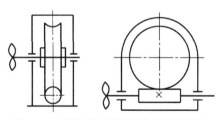

图 8-38　蜗杆减速器风扇装在蜗杆轴上

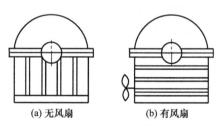

(a) 无风扇　　(b) 有风扇

图 8-39　装有散热片的蜗杆减速器

第 **9** 章

变速器结构设计

9.1 概述

变速器就是能随时改变传动比的传动机构，它一般是一台机器整个传动系统的一部分，很少作为独立的传动装置使用，所以也常称为变速机构。变速器可分为有级变速和无级变速两大类：前者的传动比只能按既定的设计要求通过操纵机构分级进行改变；后者的传动比则可在设计预定的范围内无级地进行改变。

9.1.1 有级变速器

（1）塔轮变速器

如图 9-1（a）所示，两个塔形带轮分别固定在轴 I、II 上，传动带可在带轮上移换三个不同位置。由于两个塔形带轮对应各级的直径比值不同，所以当轴 I 以固定不变的转速旋转时，通过移换带的位置可使轴 II 得到三级不同的转速。这种变速器较多采用平带传动，也可采用 V 带传动。其特点是传动平稳，结构简单，但尺寸较大，变速不方便。

（2）滑移齿轮变速器

如图 9-1（b）所示，三个齿轮固连在轴 I 上，一个三联齿轮由导向花键连接在轴 II 上。这个三联齿轮可移换左、中、右三个位置，使传动比不同的三对齿轮分别啮合，因而主动轴转速不变时，从动轴 II 可得到三级不同的转速。这种变速器变速方便、结构紧凑，传动效率高，应用广泛。

（3）离合器式齿轮变速器

如图 9-1（c）所示，固定在轴 I 上的两个齿轮与空套在轴 II 上的两个齿轮保持经常啮合。轴 II 上装有牙嵌式离合器，轴上两齿轮在靠近离合器一侧的端面上有能与离合器牙齿相啮合的齿组。当离合器向左或向右移动并与齿轮接合时，齿轮才通过离合器带动轴 II 同步回转。因此当轴 I 以固定的转速旋转时，轴 II 可获得两种不同的转速，则可在运转中变速。其缺点是齿轮处于常啮合状态，磨损较快，离合器所占空间较大。

（4）拉键式变速器

如图 9-1（d）所示，有 4 个齿轮固定连接在轴 I 上，另有 4 个齿轮空套在轴 II 上，两组齿轮成对地处于常啮合状态。轴 II 上装有拉键，当拉键沿轴向移动到不同位置时，可使轴 I 上的某一齿轮与轴 II 上对应的齿轮传递载荷，从而改变轴 I、II 间的传动比，使轴 II 得到不同的转速。这种变速器的特点是：结构比较紧凑，但拉键的强度、刚度通常较低，因此不能传递较大的转矩。

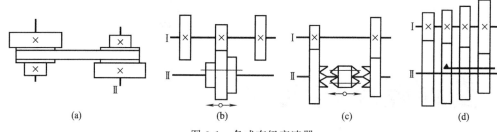

图 9-1　各式有级变速器

9.1.2　无级变速器

为了获得合适的工作速度，机器通常应能在一定范围内任意调整其转速，这就需要使用无级变速器。实现无级变速的方法有机械的、电气的（如利用变频器使交流电动机的转速做连续变化）和液动的（如液动机调速）。这里只介绍机械无级变速器，以下简称无级变速器。

机械无级变速器与液力无级变速器和电力无级变速器相比，结构简单，维护方便，价格低廉，传动效率较高，实用性强，传动平稳性好，工作可靠，特别是某些机械无级变速器在很大范围内具有恒功率的机械特性；因此，可以实现能适应变工况工作、简化传动方案、节约能源和减少污染等要求，但不能从零开始变速。

机械无级变速器常用的是摩擦式无级变速器，主要依靠摩擦轮（或摩擦盘、球、环等）传动原理，通过改变主动件和从动件的传动半径，使输出轴的转速无级地变化。机械无级变速器的类型很多，下面举例略做说明。

（1）滚轮-平盘式变速器

如图 9-2（a）所示，主动滚轮与从动平盘用弹簧压紧，工作时靠接触处产生的摩擦力传动，传动比 $i = \dfrac{r_2}{r_1}$。操纵主动滚轮作轴向移动，即可改变 r_2，从而实现无级变速。这种无级变速器结构简单，制造方便，但因存在较大的相对滑动，所以磨损严重，不宜用于传递大功率。

（2）钢球无级变速器

如图 9-2（b）所示，这种变速器主要由两个锥轮和一组钢球（通常为 6 个）组成。主、从动锥轮分别装在轴 Ⅰ、Ⅱ 上，钢球被压紧在两锥轮的工作锥面上，并可在轴上自由转动。工作时，主动锥轮依靠摩擦力带动钢球绕轴旋转，钢球同样依靠摩擦力带动从动锥轮转动。轴 Ⅰ、Ⅱ 传动比 $i = \dfrac{r_1}{R_1} \times \dfrac{R_2}{r_2}$，由于 $R_1 = R_2$，所以 $i = \dfrac{r_1}{r_2}$。调整支撑轴的倾斜角与倾斜方向，即可改变钢球的传动半径 r_1 和 r_2，从而实现无级变速。这种变速器结构简单，传动平稳，相对滑动小，结构紧凑，但钢球加工精度要求高。

（3）菱锥无级变速器

如图 9-2（c）所示，空套在轴上的菱锥（通常为 5～6 个）被压紧在主、从动轮之间。轴支承在支架上，其倾斜角度是固定的。工作时，主动轮靠摩擦力带动菱锥绕轴旋转，菱锥又靠摩擦力带动从动轮旋转。轴 Ⅰ、Ⅱ 间传动比 $i = \dfrac{r_1}{R_1} \times \dfrac{R_2}{r_2}$，水平移动支架时，可改变菱锥的传动半径 r_1、r_2，从而实现无级变速。

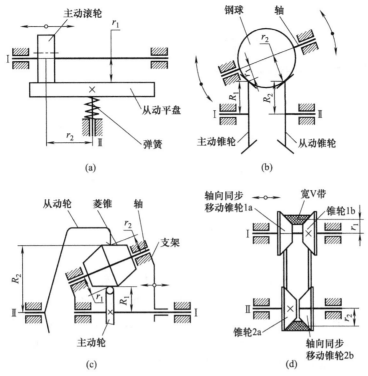

图 9-2　各式机械无级变速器

（4）宽 V 带无级变速

如图 9-2（d）所示，在主动轴 I 和从动轴 II 上分别装有锥轮 1a、1b 和 2a、2b，其中锥轮 1b 和 2a 分别固定在轴 I 和轴 II 上，锥轮 1a 和 2b 可以沿轴 I 、II 同步同向移动。宽 V 带套在两对锥轮之间，工作时如同 V 带传动，传动比 $i = \dfrac{r_2}{r_1}$。通过轴向同步移动锥轮 1a 和 2b，可改变传动半径 r_1 和 r_2 的大小，从而实现无级变速。

靠摩擦传动的无级变速器的优点是：构造简单；过载时可利用摩擦传动元件间的打滑而避免损坏机器；运转平稳、无噪声，可用于较高转速的传动；易于平稳连续地变速；有些无级变速器可在较大的变速范围内具有传递恒定功率的特性，这是电气和液压无级变速器难以达到的。但其缺点是：不能保证精确的传动比；承受过载和冲击能力差；传递大功率时结构尺寸过大；轴和轴承上的载荷较大。另外，各种机械无级变速器的变速范围都比较小，一般为 $\dfrac{i_{\max}}{i_{\min}} = 10$ 左右。为了扩大变速范围，通常可将无级变速器与有级变速器串联使用。

9.2　参数选择和总体布置

（1）设计变速器时，移动齿轮要有空挡位置

变速器齿轮换速时，两个固定齿轮之间的距离应大于相邻齿轮的宽度，即齿轮在改换啮合齿轮时，移到中间应该有一个空挡位置，如图 9-3 所示。否则，齿轮在要进入第二对齿轮啮合时，第一对齿轮尚未脱开，无法转动齿轮使两齿轮的齿与齿相对而进入啮合。如图 9-3 所示。

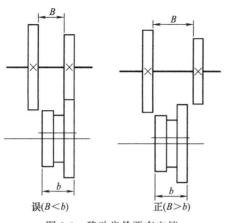

误($B<b$)　　正($B>b$)

图 9-3　移动齿轮要有空挡

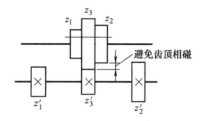

避免齿顶相碰

图 9-4　三联齿轮干涉

（2）三联齿轮在滑移时，两侧齿轮不能与另一轴中间齿轮相碰

变速器中采用三联滑移齿轮时，应注意将尺寸大的齿轮 z_3 放在中间。两侧的齿轮齿顶在滑移时需要避免同另一轴上中间的那只齿轮的齿顶相碰，如图 9-4 所示。对于相同模数的标准齿轮不相碰的条件是：齿轮的最大齿数与次大齿轮的齿数差应大于或等于 4，即 $z_3-z_2 \geqslant 4$（$z_3>z_2>z_1$）。齿数差正好等于 4 时，z_2 和 z_2' 的齿顶圆直径可采用负偏差。

（3）有级变速转速数列分级排列，宜按等比级数排列

按等比级数分级的优点是相邻两转速差值相等，因而对生产率的影响在转速范围内相同，在结构上易于实现，便于采用较简单的双联或三联齿轮来组成变速系统，且所需齿轮对数较少。变速器或变速范围和转速数列分级排列一般可根据使用要求选择，合理的有级变速数列分级排列应按等比级数排列。设转速数列分级为 n_1，n_2，$\cdots$，n_z 按等比级数排列时有

$$\frac{n_2}{n_1}=\frac{n_3}{n_2}=\cdots=\frac{n_z}{n_{z-1}}=\varphi$$

即任意两相邻转速之比为常数，φ 称为公比，它应选择标准数值

（4）分配传动比宜"前慢后快"，安排传动组级数宜"前多后少"

变速器传动链总的趋势是降速传动，在分配各传动组的传动比时应按"前慢后快"原则，即传动链前面的传动组降速小些，后面的降速大些，这样可以使中间轴的最低转速尽量提高，轴及轴上零件受力较小，尺寸可以减小，使结构紧凑。

在安排传动组的级数时按"前多后少"的原则排列，例如应把三联滑移齿轮放在双联滑移齿轮的前面，这样变速系统中小尺寸的零件就会相对地多一些，如图 9-5 所示。

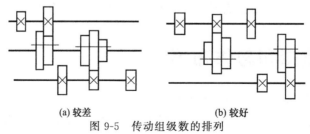

(a) 较差　　　　　　　(b) 较好

图 9-5　传动组级的排列

（5）变速组内齿轮排列尽量缩短轴向尺寸

一个变速组内齿轮的轴向排列如无特殊原因，应尽量缩短其轴向尺寸，使变速器结构紧

凑。下面是可缩短轴向尺寸的几种主要排列方式：

① 滑移齿轮在轴上的排列有宽式和窄式两种，如图9-6（a）所示。采用滑移齿轮相互靠近的窄式排列可使轴向尺寸大大缩短，结构紧凑。

② 两个相邻变速组的齿轮排列有一般排列和交错排列两种，如图9-6（b）所示。采用主动齿轮和被动齿轮交错排列方式轴向尺寸较小。

③ 采用公用齿轮排列不仅可以缩短轴向尺寸，而且可以节省齿轮个数。双公用齿轮排列比单公用齿轮排列的轴向尺寸更短，如图9-6（c）所示，但应注意公用齿轮比其他齿轮使用次数多，齿面和齿端磨损较快。

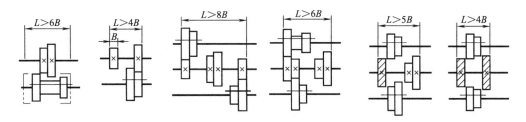

(a) 宽式和窄式齿轮排列　　(b)一般排列和主、从动交错排列　　(c) 用一个或两个公共齿轮的排列

图 9-6　变速组内齿轮排列尽量缩短轴向尺寸

（6）采用多速电动机简化变速机构

采用双速或三速电动机加变速器的方案，能减少一个或两个齿轮传动组，不仅使尺寸减少，同时也简化变速机构，使生产成本降低。

9.3　变速器传动件结构设计

（1）滑移齿轮要有安装拨叉的地方

在变速器中，常见的变换转速的方法是通过手柄、摆杆和滑块、拨叉等组成的操纵机构来移动滑移齿轮进行变速，因此在滑移齿轮结构上要有安装拨叉或滑块的地方如凹槽等，如图9-7所示。为保证滑移齿轮在轴上滑移时导向比较好，轮孔的长度不要太短，最好应大于$(1.5\sim2)d$，d 是孔的直径。

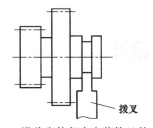

图 9-7　滑移齿轮留有安装拨叉的空间

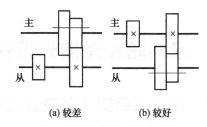

(a) 较差　　(b) 较好

图 9-8　滑移齿轮布置在高速轴上

（2）滑移齿轮布置在转速高的主动轴上滑动省力

如图9-8所示，变速器中的滑移齿轮，在可能的情况下最好布置在主动轴上，这是由于传动多为降速传动，主动轴比从动轴转速高，可使滑移齿轮尺寸小、重量轻、滑动省力。若由于结构原因，如主动轴上无法布置滑移齿轮或因操纵方便需要，也可将滑移齿轮布置在从动轴上。

（3）齿轮布置宜尽量缩小径向尺寸

合理布置变速组剖面图内各轴和齿轮可使变速器径向尺寸减小、结构紧凑，例如：

① 使传动中某些轴线相互重合，如图9-9（a）所示，将Ⅰ、Ⅲ轴布置在同一轴线上，虽然轴向尺寸稍大，但径向尺寸明显缩小，而且减少了箱体上孔的排数，改善了加工工艺。

② 在保证强度的条件下选用较小齿数和使轴间距减少。一对齿轮的传动比应尽量少用 $i \geqslant 4$ 的传动方案，如有必要宁可多加一对降速齿轮，即采用 $i = 2 \times 2$ 的方案以缩小径向尺寸，如图9-9（b）、（c）所示。

③ 在各齿轮和轴之间不发生碰撞的情况下，使各轴合理安排，如将图9-9（c）所示布置改为图9-9（d）所示布置，水平尺寸减小较多，而垂直尺寸增加不多，使整体结构紧凑。

（4）避免传动件超速现象

在一些采用斜齿轮传动的变速器中不能用滑移齿轮变速器而要用离合器进行变速。离合器安放位置要注意两个问题，一是尽量放置在高速轴上，可减小传递转矩，缩小离合器尺寸；二是要避免空载超速现象，即要避免当接通某一传动路线时，在另一条传动路线上出现传动件高速空转的现象，这种现象不论用滑移齿轮变速或离合器变速都是不能允许的，它将会加剧传动件的磨损，增大空载功率损失和噪声。如图9-10（a）所示，Ⅰ为主动轴，Ⅱ为从动轴，z_1、z_3 均空套在轴Ⅰ上，当接通 M_1 脱开 M_2 时，小齿轮出现空载超速；图9-10（b）所示将离合器 M_1、M_2 分别装置在大齿轮上则避免了超速现象。

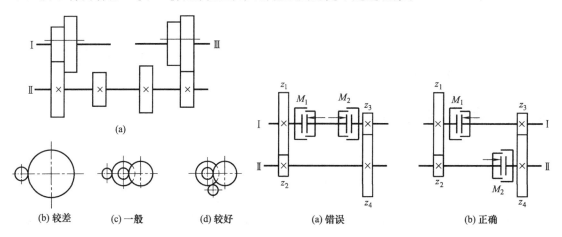

图 9-9　轮布置宜尽量缩小径向尺寸　　　　图 9-10　避免传动件超速的设计

9.4　摩擦轮和摩擦无级变速器结构设计

9.4.1　摩擦无级变速器设计过程

机械无级变速器大多是依靠摩擦轮传动来实现无级变速的。摩擦轮传动除了在机械无级变速中广泛采用外，在锻压、起重、运输、机床、仪表等设备中也常用到。传递的功率可从很小到数百千瓦，常用的多在 10kW 左右；传动比可达15，常用的一般小于5。

摩擦轮传动的主要失效形式是接触疲劳、过度磨损或打滑，设计时应针对上述失效形式建立相应的计算准则。摩擦轮传动设计的步骤是：首先选定传动形式和摩擦轮材料副，然后通过强度计算定出摩擦轮的主要尺寸，最后进行合理的结构设计。

9.4.2 摩擦无级变速器结构设计要点

① 摩擦轮和摩擦无级变速器应避免几何滑动。两滚动体在接触区由于速度分布不同引起的相对滑动称为几何滑动，几何滑动的大小决定于滚动体的几何形状。如图 9-11 所示，圆柱与圆盘的几何滑动，圆柱体在外表面上各点速度相同，圆盘上由内到外各点速度逐渐增加，因此二者接触时只有一点速度相等，其他点都有相对滑动，这种由几何形状产生的滑动称为几何滑动。几何滑动使传动磨损增加，效率降低，这是摩擦轮和摩擦无级变速器设计必须考虑的问题。避免几何滑动的途径有二：

a. 两轮接触线与回转体两轴平行（如圆柱平摩擦轮）；

b. 接触线的延长线与两滚动体回转轴线汇交于一点（如锥摩擦轮）。

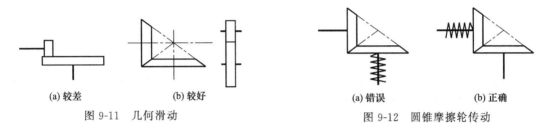

| (a) 较差 | (b) 较好 | (a) 错误 | (b) 正确 |

图 9-11　几何滑动

图 9-12　圆锥摩擦轮传动

② 圆锥摩擦轮传动，压紧弹簧应装在小圆锥摩擦轮上。一对圆锥摩擦轮工作时，靠轴向压紧弹簧产生摩擦力带动工作。为产生一定的压力，大小轮的轴向力不同，小轮轴向力小，大轮轴向力大，因此如果弹簧装在小轮上则所需轴向力较小，弹簧尺寸可以小一些，如图 9-12 所示。

③ 主动摩擦轮表面应为软材料。若两个相互结合的摩擦轮中有一个表面为软材料（如塑料、皮革），另一个为硬材料（如钢、铸铁），则应把软材料轮缘的摩擦轮作为主动轮，当过载打滑时，主动轮转动而从动轮停止，主动轮作均匀摩擦。反之，如从动轮表面为软材料，则当打滑时较硬的主动轮将把从动轮表面磨出一个凹坑，这样就影响摩擦轮的正常工作。

④ 设计应设法增加传力途径，并把压紧力化作内力。摩擦轮传动和摩擦无级变速器的缺点之一是所需压力较大。如转动所需圆周力为 F_t，轮间摩擦因数为 μ，则所需压力为 $N = F_t/\mu$。若摩擦因数为 $\mu = 0.05 \sim 0.2$，则 $N = (5 \sim 20)F_t$。减小所需压力的措施常用的有：

a. 增加传力途径；

b. 把压力化为内力。

滚锥平盘式（FU 型）无级变速器较好地运用了以上两个方法，如图 9-13 所示。传动输入转矩 T_1，输出转矩 T_2。输入转矩经齿轮 z_1、z_2 分两路传给圆盘，每个圆盘通过两个滚锥传给中间圆盘，共有四个接触点传递摩擦力（四个途径）。最后带动两个中间圆盘 A、B，输出合成转矩 T_2。由弹簧产生的压力 Q 通过圆盘 A、B 直接压紧滚锥，使产生的压力成为封闭的内力。

以上措施使该无级变速器比较紧凑，但结构复杂，要求制造技术较高。

⑤ 无级变速器的机械特性应与工作机和原动机相匹配。在输入转速 n_1 一定时，输出轴转速 n_2 与受摩擦无级变速器的限制、输出轴能输出的最大功率 P_2、最大转矩 T_2 之间的关

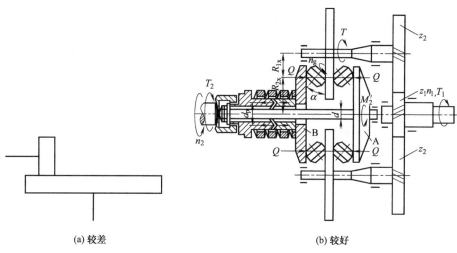

(a) 较差 (b) 较好

图 9-13 滚锥平盘无级变速器

系，称为该无级变速器的机械特性。各种无级变速器的机械特性曲线是有差异的，常见的有恒转矩与恒功率两种，如图 9-14 所示。

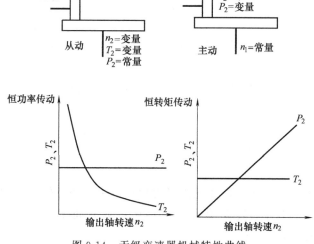

图 9-14 无级变速器机械特性曲线

恒功率传动能充分利用原动机的全部功率，机床的主传动系统在变速范围内，传递功率基本控制恒定，适用于恒功率无级变速传动（如 V 带式、滚锥平盘式、菱锥锥轮式无级变速器等）。而机床进给系统则工作转矩基本恒定，适用恒转矩无级变速器。恒功率式无级变速器一般变速范围较小。如果原动机-传动装置-工作机系统机械特性不匹配，就会造成某一部分工作能力不能充分发挥而产生浪费。

⑥ V 带无级变速器的带轮工作锥面的母线不是直线。V 带无级变速器中，带轮工作面采用曲面是保证带长为一定值时，在任何位置都能有适当的张紧力，如图 9-15 所示。

⑦ 合理设置摩擦无级变速器加压装置的位置。例如对采用恒压加压装置（如弹簧）的宽 V 带变速器，作恒功率变速时加压弹簧应设置在主动轴上；而作恒转矩变速时，则应放在输出轴上，如图 9-16 所示。因为，恒功率变速时，当输出转速最高时，两片主动轮彼此

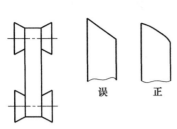

图 9-15 带轮工作锥面的母线不是直线

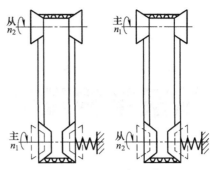

图 9-16 变速器加压装置

靠得最近，弹簧放松，压紧力最小；反之，输出转速最低时，则弹簧压紧力最大。所以压紧力大致与输出转速成反比，基本上可获得恒定功率输出特性。恒转矩变速时，输出转速最低时，两片从动轮靠得最近，弹簧压紧力最小；输出转速最高时，则弹簧被压缩，压紧力最大。这样也基本上获得了恒转矩输出特性。

从保证可靠而又灵敏的加压要求出发，自动加压装置一般应装在转矩最大的轴上，即对于降速型变速器，加压装置应设在从动轴上；对于升、降速型变速器，主、从动轴上各设一个加压装置。

⑧ 无级变速器宜布置在传动系统中的高速端。当传动系统中有机械无级变速器时，对恒定功率的传动，应将无级变速器布置在高速端，最好与电动机直接连接，以便充分发挥其允许的传动功率，使外廓尺寸缩小，减小制造难度；对于恒转矩的传动，则无级变速器的位置一般不受限制。

⑨ 无级变速器与有级变速器串联时，在传动系统中，若无级变速器的机械特性符合要求，但变速范围较小，不能满足要求，则可以将有级变速器与其串联，以扩大变速范围。串联时应注意：

a. 无级变速器应置于高速级；

b. 有级变速器的变速范围 R_2 应略小于无级变速器的变速范围 R_1，以保证在全部变速范围内能实现连续地无级变速。一般取 $R_2 = (0.94 \sim 0.96) R_1$。

第 **10** 章

轴系结构设计

10.1 概述

　　轴是机器中的重要零件之一。机器中作回转运动的传动零件都需要轴为其提供支承和作为回转中心，同时传递运动和动力。

10.1.1 轴的类型

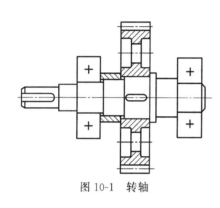

图 10-1　转轴

　　根据轴所承受的载荷性质可分为：转轴、心轴和传动轴三种。

　　① 转轴。工作时既传递转矩又承受弯矩的轴称为转轴，如图 10-1 所示的减速器中的轴。机器中大多数轴都是转轴。

　　② 心轴。只承受弯矩不传递转矩的轴称为心轴。按轴是否转动，可分为固定心轴和转动心轴。如图 10-2（a）所示的自行车前轮轴是固定心轴，如图 10-2（b）所示的滑轮轴是转动心轴。

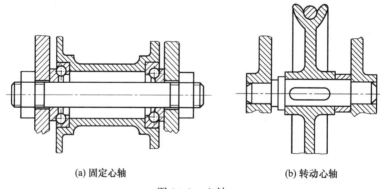

(a) 固定心轴　　　　　　　　　　(b) 转动心轴

图 10-2　心轴

　　③ 传动轴。主要传递转矩，不承受弯矩或承受很小的弯矩的轴称为传动轴，如图 10-3 所示的汽车传动轴。

　　按轴线的形状可分为：直轴、曲轴和挠性轴三种。

　　① 直轴的轴线是直线，包括光轴和阶梯轴两种。光轴的各截面直径均相等，如图 10-4（a）所示，外形简单，易于加工，但轴上零件定位困难，因此，只有一些简单的或有特殊要求的

轴采用光轴。为便于轴上零件的装拆、定位与紧固，机械中通常采用各轴段截面直径不同的阶梯轴，如图 10-1、图 10-4（b）所示的轴。一般情况下，阶梯轴呈"中间大、两端小"的结构形式。

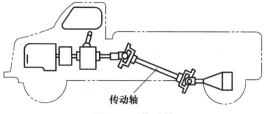

图 10-3 传动轴

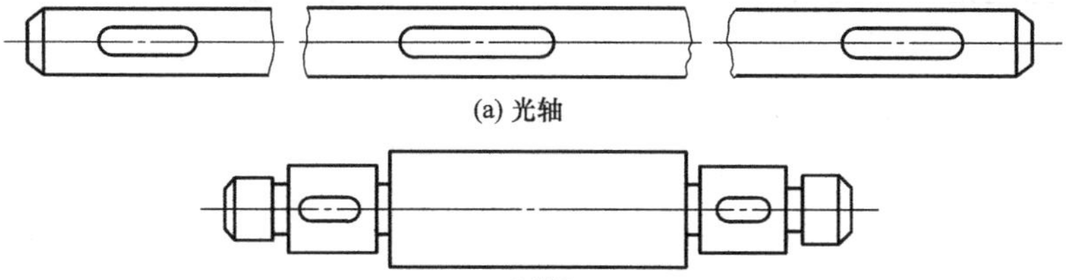

(a) 光轴

(b) 阶梯轴

图 10-4 直轴

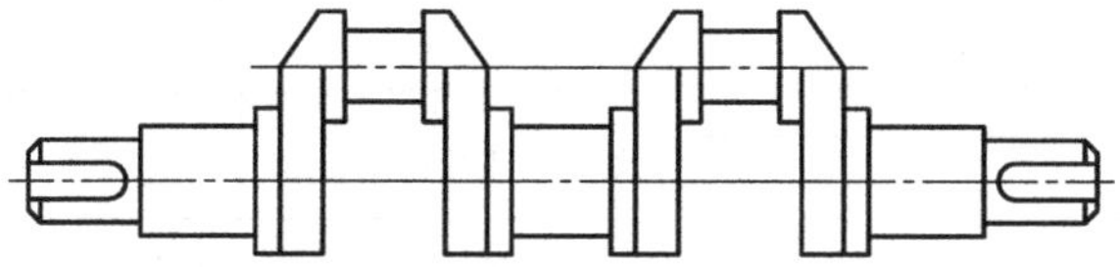

图 10-5 曲轴

② 曲轴的各段轴线不在一条直线上，但各轴线相互平行，如图 10-5 所示的内燃机曲轴。曲轴多用于往复式机械中，可在旋转运动和往复直线运动间进行变换。

③ 挠性轴的轴线随工作环境需要可任意弯曲，可把转矩和运动灵活地传递到任何位置，常用于受连续振动的场合，可以缓和冲击。汽车里程表的软轴及管道疏通机所用软轴都是挠性轴，如图 10-6 所示。

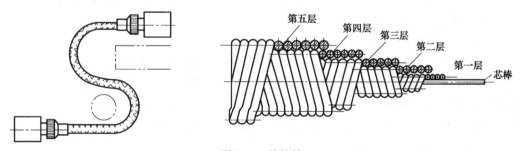

图 10-6 挠性轴

除以上分类外，还有其他特殊用途的轴，如花键轴、齿轮轴、蜗杆轴等。

10.1.2 轴的材料

轴的材料应具有足够的强度、刚度、耐磨性和良好的工艺性能。

轴的材料常采用碳素钢和合金钢。钢轴的毛坯多数用轧制圆钢和锻件制造，有的则直接用圆钢。

碳素钢的价格较低，经热处理可改善其机械性能，应用较广泛。常用的碳素钢有 35 钢、40 钢、45 钢、50 钢等优质碳素结构钢，其中以 45 钢用得最为普遍。不重要的或受力较小的轴也可采用 Q235 和 Q275。

和碳素钢相比较，合成钢具有更好的力学性能，常用于高速、重载及要求减少质量、提高耐磨性的场合，常用的有 40Cr、20Cr、35SiMn、12CrNi2 等。

轴的材料也可采用合金铸铁或球墨铸铁，这类材料成本低廉，吸振性较好，可经过热处理获得较好的耐磨性，毛坯可铸造成型，适于制造形状复杂的轴，如曲轴等，但铸件质量不易控制。

轴常用材料及其力学性能如表 10-1 所示。

表 10-1　轴的常用材料及主要力学性能

材料	热处理	硬度 HBS	抗拉强度 R_m/MPa	屈服强度 R_{eL}/MPa	备　注
Q235A			420	235	用于不重要或载荷不大的轴
35	正火	149～187	520	270	用于一般的轴
45	正火	170～217	600	300	用于较重要的轴,应用最广
	调质	217～255	650	360	
40Cr	调质	241～286	750	550	用于载荷较大而无很大冲击的轴
40CrNi	调质	270～300	920	750	用于很重要的轴
35CrMo	调质	207～269	750	550	性能接近 40Cr,用于重载荷的轴
20Cr	渗碳淬火、回火	表面 56～62 HRC	650	400	用于要求强度和韧性均较高的轴,如某些齿轮或蜗杆等
20CrMnTi			1100	850	
QT600-2		229～302	600	420	用于柴油机、汽油机曲轴和凸轮轴

10.1.3　轴的失效形式

轴在使用过程中丧失规定功能的现象称为失效。轴的工作能力主要取决于它的强度和刚度。轴的主要失效形式受以下因素影响：轴所受应力的性质和大小，轴材料的力学性能，轴的结构形状及加工方法和轴的工作环境等。

（1）疲劳强度不足引起的疲劳断裂

常在轴中发生的疲劳断裂是在交变应力反复作用下发生的，疲劳的最终断裂是瞬时的，因此危害性较大。轴的材料类别、组织、载荷类型、零件的尺寸、形状及表面状态等对轴的疲劳强度都有直接的影响。这种失效形式约占轴失效的 50%，其破坏特点如下：

① 破坏时的应力值低于轴材料的抗拉强度极限，甚至低于材料的屈服极限。

② 一般表现为突然的脆断，而无明显的塑性变形。

（2）静强度不足而产生塑性变形或脆性断裂

静强度不足容易引起轴的延性断裂或脆性断裂。

① 延性断裂。延性断裂是指零件在受到外载荷作用时，某一截面上的应力超过了材料的屈服强度，产生很大的塑性变形后发生的断裂。

② 脆性断裂。脆性断裂发生时，承受的工作应力通常远低于材料的屈服强度，所以又称为低应力脆断。脆性断裂经常发生在结构中的棱角、台阶、沟槽及拐角等结构突变处，特别是在低温或冲击载荷作用的情况下。脆性断裂发生前并没有明显的征兆，因此，往往会带来灾难性的后果。

例如，如果轴用合金钢制造，当轴工作过程中受到冲击、振动、瞬时过载，最大工作应力超过材料的屈服极限时，轴将发生塑性变形；若轴用球墨铸铁制造，则最大工作应力超过材料的强度极限时，轴将发生脆性断裂。

（3）刚度不足而产生过大的弯曲变形和扭转变形

刚度是指在一定的工作条件下，零件抵抗弹性变形的能力。当零件刚度不够时，就会影响机器的正常工作。在轴系部件中，齿轮轴变形过久将影响轮齿的正确啮合，机床主轴变形过大将影响工件的加工精度等。提高轴刚度的有效措施是改进零件的结构形式、减小支点间距离和增大断面尺寸等。

（4）高转速下工作的轴，振动振幅过大，稳定性差

在高速运转的机械中，当机器零件的自振频率与周期性载荷的变动频率相同或接近时，就会发生共振。共振时振幅急剧增加，这种现象一般称为失去稳定性。共振能在短期内导致零件断裂，甚至造成重大事故。

（5）磨损降低精度和效率

零件磨损后改变结构形状和尺寸，使机器的精度降低、效率下降及零件强度减弱，以致零件报废。据估计，世界上各种报废的机械零件中由磨损引起的约占80％。所以在机械设计中，总是力求提高零件的耐磨性，减少磨损。影响磨损方面的因素很多，如零件的材质、表面粗糙度、润滑情况等，其中，润滑情况对磨损影响较大。采取合理的润滑措施，保持良好的润滑状态，可减轻甚至避免磨损。

轴的失效原因可以归结为以下几点：

（1）轴的设计不合理

轴的结构形状、尺寸设计不合理最容易引起失效，如键槽、截面变化较剧烈的尖角处或尖锐缺口处容易产生应力集中，出现裂纹。另外，对零件在工作中的受力情况判断有误，设计时安全系数过小或对环境的变化情况估计不足造成零件实际承载能力降低等均属设计不合理。又如，坚持以强度条件为主，辅之以韧性要求的传统设计方法，不能有效地解决脆性断裂，尤其是低应力脆断的失效问题。

（2）选材不合理

选材不合理即选用的材料的性能不能满足工作条件要求，或者所选材料名义性能指标不能反映材料对实际失效形式的抗力。另外，所用材料的化学成分、组织不合理，质量差也会造成轴的失效。

（3）工艺不合理

轴在加工和成形过程中，因采用的工艺方法、工艺参数不合理，操作不正确等会造成失效。如热成形过程中温度过高所产生的过热、过烧、氧化、脱碳；热处理过程中工艺参数不合理造成的变形和裂纹、组织缺陷及由于淬火应力不均匀导致零件的棱角、台阶等处产生拉应力；化学热处理后渗层和淬硬层过深，使零件的脆断抗力降低；铸件中的气孔、夹渣及成分偏析；机械加工中表面粗糙度值过大，存在较深的刀痕或磨削裂纹等均是导致零件早期失效的原因。

可见，即使选材正确，但热处理工艺不当，使零件在工作过程中发生组织变化，引起零件的形状、尺寸发生改变，也会导致塑性变形失效。

（4）安装及使用不正确

机器在安装过程中，配合过紧、过松，对中不准，固定不牢或重心不稳，密封性差以及装配拧紧时用力过大或过小等，均易导致零件过早失效。在超速、过载、润滑条件不良的情况下工作，工作环境中有腐蚀性物质及维修、保养不及时或不善等均会造成轴过早失效。

10.1.4 轴的设计原则

为了保证轴在规定寿命下正常地工作，必须针对上述失效形式进行正确设计。一般应遵循的设计原则是：

① 选材合理。根据轴的工作条件、生产批量和经济性原则，选取适合的材料、毛坯形式及热处理方法。

② 轴的受力合理，有利于提高轴的强度和刚度。

③ 满足工艺要求。轴的加工、热处理、装拆、检验、维修等应有良好的工艺性；轴应便于加工。

④ 定位要求。轴上零件应定位准确，固定可靠。

⑤ 疲劳强度要求。尽可能减小应力集中，有利于提高轴的疲劳强度。对受力大的细长轴（如蜗杆轴）和对刚度要求高的轴（如车床轴），还要进行刚度计算。对在高速下工作的轴，因有共振危险，应进行振动稳定性计算。

⑥ 轴的材料选择应注意节省材料，减轻重量。

⑦ 尺寸要求。轴的各部分直径和长度的尺寸要合理。

10.2 提高轴的疲劳强度措施

大多数轴是在变应力条件下工作的，其疲劳损坏多发生在应力集中部位，因此设计轴的结构必须要尽量减少应力集中源和降低应力集中的程度。

（1）避免轴的剖面形状及尺寸发生急剧变化

在轴径变化处尽量采用较大的圆角过渡，如图 10-7（b）所示，当圆角半径的增大受到限制时，可采用凹切圆角［如图 10-8（a）所示］和过渡肩环［如图 10-8（b）所示］等结构。

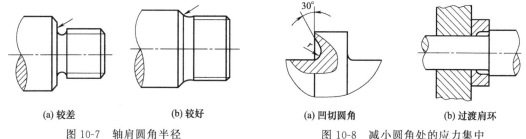

| (a) 较差 | (b) 较好 | (a) 凹切圆角 | (b) 过渡肩环 |

图 10-7　轴肩圆角半径　　　　　　图 10-8　减小圆角处的应力集中

（2）降低过盈配合处的应力集中

当轴与轮毂为过盈配合时，配合的边缘处会产生较大的应力集中，如图 10-9（a）所示；为减小应力集中，可在轮毂上开卸载槽，如图 10-9（b）所示；或在轴上开卸载槽，如图 10-9（c）所示；或者加大配合部分的直径，如图 10-9（d）所示。由于配合的过盈量愈大，引起的应力集中也愈严重，所以在设计中应合理选择零件与轴的配合。

（3）减小轴上键槽引起的应力集中

轴上键槽的部分一般是轴的较弱部分，因此对这部分的应力集中要注意。必须按国家标准规定给出键槽的圆角半径 r，如图 10-10（b）所示；为了不使键槽的应力集中与轴阶梯的应力

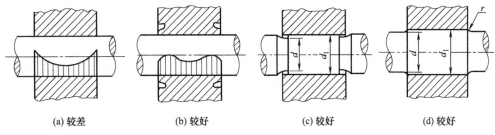

(a) 较差　　　　(b) 较好　　　　(c) 较好　　　　(d) 较好

图 10-9　轴与轮毂配合处应力集中及降低方法

集中相重合，要避免如图 10-11（a）所示那样把键槽铣削至阶梯部位；用盘状铣刀铣出的键槽要比用端面铣刀铣出的键槽应力集中小，如图 10-12（b）所示；渐开线花键的应力集中要比矩形花键小，花键的环槽直径 d 不宜过小，可取其等于花键的内径 d_1，如图 10-12（c）所示。

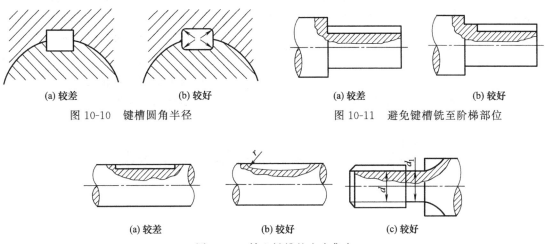

(a) 较差　　　　(b) 较好　　　　　　(a) 较差　　　　(b) 较好

图 10-10　键槽圆角半径　　　　　图 10-11　避免键槽铣至阶梯部位

(a) 较差　　　　(b) 较好　　　　(c) 较好

图 10-12　轴上键槽的应力集中

（4）改善轴的表面质量，提高轴的疲劳强度

轴的表面质量对轴的疲劳强度有很大的影响，因此必须注意改善表面状态。由于疲劳裂缝常发生在表面粗糙的部分，应十分注意轴的表面粗糙度的参数值，即使是自由表面也不应忽视。合金钢对应力集中更为敏感，降低其表面粗糙度尤为重要。采用碾压、喷丸、渗碳淬火、氮化、高频淬火等表面强化方法，可以显著提高轴的疲劳强度。

（5）空心轴的键槽下部壁厚不要太薄

在空心轴段上采用键连接时，如果键槽下部太薄，就有可能使其过分变弱而导致轴的损坏，如图 10-13（a）所示；因此要使空心轴的壁厚具有足够的厚度，如图 10-13（b）所示。

（6）传动轴的悬伸端受力应靠近支撑点

具有悬伸端的传动轴，传动件的悬臂受力长度应尽可能小，而跨距在结构允许情况下则应尽可能大，这有利于改善轴的受力状态，提高轴的强度和刚度，如图 10-14 所示，在高速条件下悬臂端引起的变形和不平衡重量也会相应减小。另外，还应注意减轻传动件的重量。

（7）采用载荷分流以提高轴的强度和刚度

如图 10-15（a）所示，一个轴上有两个齿轮，动力由其他齿轮传给齿轮 A，通过轴使齿轮 B 一起转动，轴受弯矩和转矩的联合作用。如将两齿轮做成一体，即齿轮 A、B 组成双联齿轮，如图 10-15（b）所示，转矩直接由齿轮 A 传给齿轮 B，则此轴只受弯矩，不受转矩。

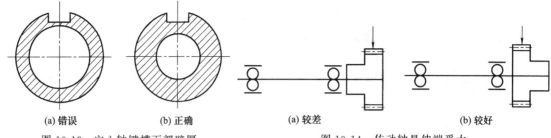

(a) 错误　　　　　(b) 正确

图 10-13　空心轴键槽下部壁厚

(a) 较差　　　　　　(b) 较好

图 10-14　传动轴悬伸端受力

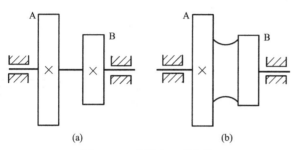

(a)　　　　　　　(b)

图 10-15　分装与双联齿轮

改进受弯矩和转矩联合作用的转轴或轴上零件的结构，可使轴只受一部分载荷。某些机床主轴的悬伸端装有带轮如图 10-16（a）所示，刚度低；采用卸荷结构如图 10-16（b）所示，可以将带传动的压轴力通过轴承及轴承座分流给箱体，而轴仅承受转矩，减小了弯曲变形，提高了轴的旋转精度。卸荷结构形式的详细结构可参见图 10-16（c）。

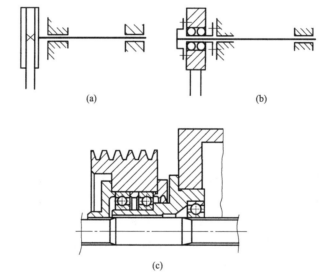

(a)　　　　　　　(b)

(c)

图 10-16　载荷分流与卸荷带轮结构

（8）改进轴上零件结构，减小轴所受弯矩

如图 10-17（a）中所示卷筒的轮毂很长，轴的弯曲力矩较大；如把轮毂分为两段，如图 10-17（b）所示，不仅可以减小轴的弯矩，提高轴的强度和刚度，而且能得到良好的轴孔配合。

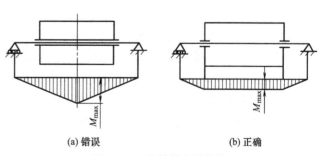

(a) 错误　　　　　(b) 正确

图 10-17　卷筒轮毂的结构

10.3　轴系结构设计要点

10.3.1　考虑加工的轴系设计要点

轴的结构应便于轴的加工。一般轴的结构越简单，工艺性越好，因此在满足使用要求的前提下，轴的结构应尽量简化。

（1）一根轴上的键槽应在同一条母线上

一根轴上在两个以上的轴段都有键槽时，如果两键槽位置不在同一方向上，见图 10-18 （a），则加工时需二次定位，工艺性差；因此，应布置在轴的同一母线上，见图 10-18 （b），以便一次装夹后用铣刀铣出。

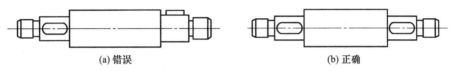

图 10-18　轴上键槽的位置

（2）一根轴上圆角、倒角、环槽和键槽的宽度应尽可能一致

一根轴上所有的圆角半径、倒角尺寸、环形切槽和键槽的宽度等应尽可能一致，以减少刀具品种，如图 10-19 所示，节省换刀时间，方便加工和检验。

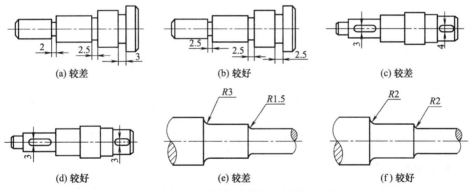

图 10-19　轴上圆角、倒角、环槽和键槽

（3）根据加工所需要求有越程槽或退刀槽

在轴的结构中，应设有加工工艺所需的结构要素。例如，需要磨削的轴段，阶梯处应设砂轮越程槽，如图 10-20（b）所示；需切削螺纹的轴段，应设螺纹退刀槽，如图 10-21（b）所示。

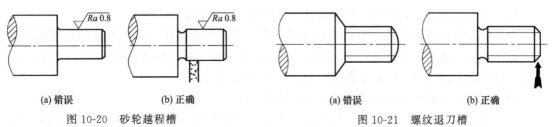

图 10-20　砂轮越程槽　　　　　图 10-21　螺纹退刀槽

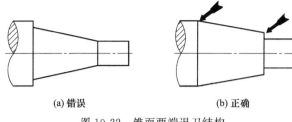

(a) 错误   (b) 正确

图 10-22 锥面两端退刀结构

如图 10-22（a）所示结构，锥面两端点退刀困难，耗费工时；可改为图 10-22（b）所示的结构，则比较合理。

（4）应有利于切削或减少切削量

轴的结构设计应有利于切削，一般而言，球面、锥面应尽量避免选

用，而优先选用柱面，如图 10-23 所示。图 10-23（a）中所示结构看上去比图 10-23（b）中所示结构简单，实则不然。图 10-23（b）所示结构用车削加工能加工全长，而图 10-23（a）所示结构则要进行几次加工。同理，图 10-21（a）所示的轴端结构也不利于加工，应改为图 10-21（b）所示的结构较为合理。

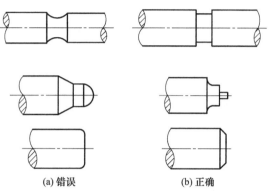

(a) 错误   (b) 正确

图 10-23 轴结构应有利于切削

同时，轴的结构设计应尽量减少切削量，如图 10-24（a）所示结构有切削量过大的问题；可以考虑将整体结构改为组合结构，如图 10-24（b）所示，可以减少切削量，降低成本。又如图 10-25（a）所示结构的切削量也过大，且受力状况不良；可考虑在不妨碍功能的前提下改为图 10-25（b）所示的平稳过渡的结构。

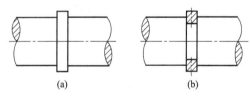

(a)   (b)

图 10-24 采用组合结构减少切削量

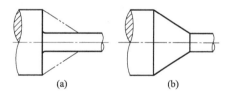

(a)   (b)

图 10-25 采用平稳过渡结构减少切削量

（5）配合精度要求较高，配合表面间的距离要尽可能小

加工精度要求相同时，配合公称尺寸越小，加工越容易，加工精度也越容易提高，因此在结构设计时，应使有较高配合精度要求的工作面的面积和两配合表面之间的距离尽可能地小。如图 10-26 所示轴的轴向固定应尽可能在一个轴承上实现，这样由于两配合面之间的距离显著减小，轴承端面的挡圈的配合精度可提高很多。

10.3.2 考虑安装的轴系设计要点

（1）装配起点不要成尖角，两配合表面起点不要同时装配

为了使安装容易和平稳，两零件的装配起点，或者至少其中一件要有适当的倒角或锥度，键尽量靠近装配起点；两处装配起点的尺寸为同时安装时，要错开两处的相关位置，首先使一处安装，以此为支承再安装另一处，如图 10-27 所示。

（2）不通孔中装入过盈配合轴时应考虑排出空气

在不通孔中装入过盈配合轴，如果孔内部形成封闭空间，则安装困难；在拔出时由于内

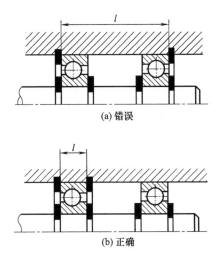

图 10-26　减小配合公称尺寸提高配合精度

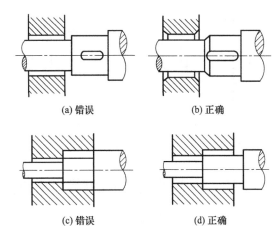

图 10-27　两配合表面起点不要同时装配

部成为真空，则拔出更为困难。为避免形成封闭空间，必须设置供通气用的小孔或沟槽，如图 10-28 所示。

（3）轴上零件的定位要采用轴肩或轴环

为了将零件安装到轴的正确位置上，轴必须制成阶梯形轴肩或轴环，如图 10-29 所示，如受某些条件限制，轴的阶梯差很小或不便加工出轴肩的地方，可采用加定位套筒，或者加对开的轴环进行定位。

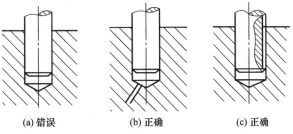

图 10-28　不通孔中装入过盈配合轴时应考虑排出空气

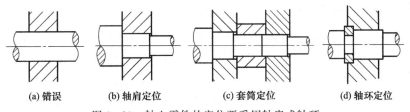

图 10-29　轴上零件的定位要采用轴肩或轴环

（4）圆锥面配合不能轴向精确定位

圆锥形轴端能使轴上零件与轴保持较高的同心度，且连接牢靠，拆装方便，但是不能限定零件在轴上的准确位置。此种情况下，只能改用圆柱形轴端加轴肩才能实现可靠定位，如图 10-30 所示。

（5）轴的结构一般宜设计成阶梯轴

轴的外形决定于许多因素，如轴的毛坯种类，工艺性要求，轴上受力的大小和分布，轴上零件和轴承的类型、布置和固定方式等。为满足不同要求，实际的轴多做成阶梯形轴，如图 10-31（b）所示。一方面阶梯轴的轴肩可以限定轴上零件的正确位置和承受轴向力，另一方面又使零件装配容易，轴的重量减小。只有一些简单的心轴和一些有特殊要求的转轴，才会做成等径轴。

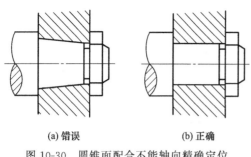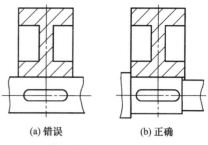

(a) 错误　　　　　(b) 正确

图 10-30　圆锥面配合不能轴向精确定位

(a) 错误　　　　(b) 正确

图 10-31　轴的结构一般不宜设计成等径轴

10.3.3　考虑轴上零件可靠固定的轴系设计要点

（1）保证轴与安装零件压紧的尺寸差

用螺母压紧安装在轴上的零件时，要使轴的配合部分长度稍短于安装零件的宽度，以保证有一定的压紧尺寸差，如图 10-32 所示。如果在安装零件和螺母（或其他定位零件）之间有隔离套筒，也要按照上述原则保证有关部分的尺寸差。

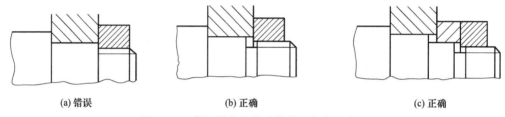

(a) 错误　　　　　　(b) 正确　　　　　　(c) 正确

图 10-32　保证轴与安装零件的压紧的尺寸差

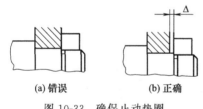

(a) 错误　　　　(b) 正确

图 10-33　确保止动垫圈
在轴上的正确安装

（2）确保止动垫圈在轴上的正确安装

确保安装止动垫圈时内侧舌片处于轴的沟槽内而不是在退刀槽内，如图 10-33 所示。如果在止动垫圈安装的周围有障碍或受空间限制，会出现不能弯折卡爪的情况，在这样的场合要改用其他止动方法。

（3）保证轴与安装零件间隙的尺寸差

如果要求安装件在轴上转动或在轴向有一定游动时，不应依靠调整螺母的松紧来给出间隙，而是拧紧螺母，使其与轴的阶梯接触。在这种情况下，是依靠轴的配合部分长度稍大于安装件的宽度，来保证预定的间隙。

（4）要避免弹性挡圈承受轴向力

为了固定轴上零件有时使用弹性挡圈，这种挡圈除定位以外，最好不要用于承受轴向推力，因为它只是为了防止零件脱出，而不适用于承受轴向力的场合。再者，如果把弹性挡圈不适当地装入槽内或倾斜地安装，即使在轻微的轴向力反复作用下，弹性挡圈也容易脱落。因此，一定要把挡圈装牢在轴上的槽中，如图 10-34 所示。由于挡圈槽对轴的削弱作用，这种固定方式只适用于受力不大的轴段或轴端。

（5）在旋转轴上切制螺纹，要有利于紧固螺母的放松

轴上零件常用螺母紧固，为了在启动、旋转和停车时不致使螺母松动，螺纹的切制应按照轴的旋转方向有助于旋紧的原则，如图 10-35 所示。

(a) 弹性挡圈

(b) 错误

(c) 正确

(d) 正确

图 10-34 避免弹性挡圈承受轴向力

图 10-35 螺母上切制螺纹

轴向左旋转就取左旋螺纹，如果轴向右旋转则取右旋螺纹。但是，在驱动一侧装有制动器，反复进行快速减速和急停车的轴系例外且应与上述原则相反。

（6）确保止动垫圈在轴上的正确安装

要注意如果止动垫圈内侧舌片处于轴上螺纹退刀槽部分，往往就起不到止转的作用。因此，轴上的螺纹退刀槽必须加工得靠里一些，以确保安装时内侧舌片处于轴的沟槽内，如图 10-36 所示。

(a) 错误

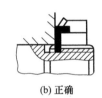
(b) 正确

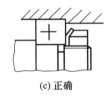
(c) 正确

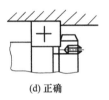
(d) 正确

图 10-36 确保止动垫圈在轴上的正确安装

10.3.4 考虑运动可靠性的轴系设计要点

（1）避免轴的支承反力为零

在轴的两个滑动轴承中，如果有其中一个的支反力为零或接近于零，则在这个载荷为零的轴颈中心位置很不稳定，容易发生油膜振荡，使轴产生强烈振动。避免的方法是首先合理安排好轴上传动零件和轴承位置，不使轴承上的载荷为零。如果不能避免这种情况，则务必采用稳定性好的轴承。

（2）不要使轴的工作效率与其固有频率相一致或接近

必须使轴的工作频率避开其固有频率。若轴的工作频率很高时，还应考虑使其避开相应的二次、三次或四次高阶固有频率。

（3）高速轴的挠性联轴器要尽量靠近轴承

在高速轴的悬臂端上安装有挠性联轴器的场合，如果悬伸量越大和不平衡重量越大，轴的固有振动频率就越低，就越容易引起轴的振动。因此，要尽量将联轴器设置在靠近轴承的位置上，并且尽可能选择重量轻的联轴器，如图 10-37 所示。

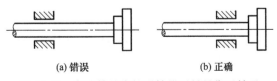

(a) 错误 　　　　　　　　(b) 正确

图 10-37 高速轴的挠性联轴器要尽量靠近轴承

（4）转轴上的润滑油要从小轴段处进油、大轴段处出油

在同样转速条件下，大直径轴段的离心力大于小直径轴段的离心力。因此，在设计轴上

的润滑油路时，不要从大直径轴段处进油，这是因为逆着大离心力方向注油，油不易注入。如设计成从小直径轴段进油，再向大直径轴段出油，油易顺大离心力方向流动，从而保证润滑点的供油，如图 10-38（b）所示。

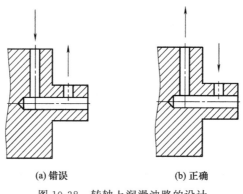

(a) 错误   (b) 正确

图 10-38 转轴上润滑油路的设计

第**11**章

联轴器、离合器、制动器结构设计

11.1 概述

联轴器与离合器是机械中常用的部件，通常用来连接两轴，以便于共同回转并传递运动和转矩，有时也可以作为一种安全装置用来防止被连接件承受过大的载荷，起到过载保护的作用，如图 11-1 所示。

联轴器和离合器的区别在于：用联轴器连接的两轴，只有在机器停止运转，经过拆卸后才能使两轴分离；而离合器连接的两轴，在机器运转中可将传动系统随时分离或接合，从而达到操纵机器传动系统的断续，以便进

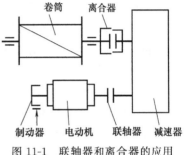

图 11-1 联轴器和离合器的应用

行变速和换向等。安全联轴器及安全离合器的功用是在机器工作时，如果转矩超过规定值，这种联轴器及离合器即可自行断开或打滑，以保证机器中的主要零件不致因过载而损坏。

制动器是具有使运动部件（或运动机械）减速、停止或保持停止状态功能的装置，集工作装置和安全装置于一体，是保证机器安全正常工作的重要部件。

联轴器、离合器和制动器的类型很多，其中有些已经标准化、系列化。因此，一般是根据使用条件、使用目的、使用环境进行选用，再按被连接轴的直径、转矩和转速从有关手册中查取适用的型号和尺寸，必要时要作进一步的验算；若现有的联轴器或离合器的工作性能不能满足要求，则需要重新设计。制动器在很多机械产品上已发展成为制动系统，即完成制动过程中的操纵或控制部分、制动装置以及其他一些辅助设备等，组成一个完整独立的制动工作系统。选择或设计比较恰当的联轴器或离合器，一般不仅要考虑整个机械的工作性能、载荷特性、使用寿命和经济性问题，同时也应考虑维修保养等问题。

11.2 联轴器类型选择要点

11.2.1 联轴器的类型及应用

联轴器不仅要从结构上采取各种措施传递所需的转矩外，还应具有补偿两轴线的相对位移或偏差，减振与缓冲以及保护机器等性能。

（1）联轴器的分类

联轴器的种类很多，根据是否带有弹性元件，可以将联轴器分为刚性联轴器和弹性联轴器两大类。联轴器所连接的两轴，由于制造及安装误差、承载后的变形以及温度变化的影响

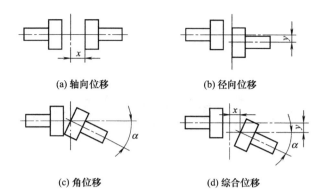

(a) 轴向位移   (b) 径向位移

(c) 角位移   (d) 综合位移

图 11-2 联轴器连接的两轴相对位移与偏斜

（2）联轴器的特点与应用

为了适应不同需要，人们设计了形式多样的联轴器，部分已标准化、规格化，被广泛应用在机械设备中。正确选用联轴器对保证机器正常运转、改善机械工作状态、延长设备使用寿命等都有较大影响。设计时主要是根据机器的工作特点及要求，结合联轴器的性能选定合适的类型。常用联轴器的特点与应用见表 11-1。

等，往往不能保证严格的对中，而是存在着某种程度的相对位移与偏斜，如图 11-2 所示。

弹性联轴器因有弹性元件故可缓冲减振，并可在一定范围内补偿两轴间的偏斜。刚性联轴器根据其结构特点分为固定式与可移式两类。刚性可移式联轴器对两轴的偏移量具有一定的补偿能力；刚性固定式联轴器要求被连接的两轴严格对中。联轴器的一般分类如图 11-3 所示。

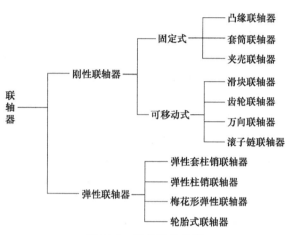

图 11-3 联轴器的分类

表 11-1 常用联轴器的特点与应用

类别	联轴器类型	许用转矩/N·m	轴径范围/mm	最大转速/(r/min)	特点	使用条件
刚性固定式联轴器	凸缘联轴器	400～16000	40～160	1450～3500	结构简单，使用方便，成本低，能传递较大转矩，对中精度可靠	适用于转速低、载荷平稳、两轴的同轴度好、对中性好的连接
	套筒联轴器	4.5～10000	10～100	200～250	结构简单，径向尺寸小，同轴度高，但拆装不便	用于两轴直径较小、工作平稳的连接，广泛用于机床中
	夹壳联轴器	85～9000	30～110	380～900	结构简单，拆装方便，但平衡困难，缺乏缓冲和吸振能力	用于低速、无冲击载荷的场合
刚性可移式联轴器	齿轮联轴器	710～10^6	18～560	300～3780	承载能力大，工作可靠，但制作成本高	可在高速重载条件下工作，常用于启动频繁，正、反转变化多的场合
	十字滑块式联轴器	120～20000	15～150	100～250	径向尺寸小，寿命较长，但制造复杂，需要润滑	用于两轴相对偏移量较大、低速转动、工作较平稳的场合
	NZ 挠性爪型联轴器	25～600	15～65	3800～10000	结构简单，外形尺寸小，惯性力小	用于小功率、高转速、无急剧冲击的连接
	万向联轴器	25～1280	10～40	—	结构紧凑、维护方便，但制造较复杂有速度波动，将引起附加动载荷	适用于两轴夹角大或两轴平行但连接距离较大的场合

续表

类别	联轴器类型	许用转矩 /N·m	轴径范围 /mm	最大转速 /(r/min)	特点	使用条件
弹性联轴器	弹性圆柱销式联轴器	67~15380	25~180	1100~5400	弹性较好,拆装方便,成本低,但弹性圈易损坏,寿命短,要限制使用温度	用于连接载荷平稳,需正、反转变化或启动频繁的中小转矩的传动轴
	尼龙柱销联轴器	100~400000	12~400	760~7430	结构简单,制造容易,维护方便,寿命长,但要限制使用温度	用于正、反转变化多,启动频繁的高、低速传动
	轮胎联轴器	10~16000	10~230	600~4000	缓冲性能和综合性能都较好,不需润滑,但径向尺寸大	用于潮湿、多尘、冲击大、正反转次数多及启动频繁的场合
安全联轴器	剪切销安全联轴器	—	—	—	结构简单,能起过载保护作用,但准确性不好	用于不要求精确控制转矩的一般保护装置

11.2.2 联轴器类型选择要点

选择一种合适的联轴器类型应考虑以下几点:

① 所需传递的转矩大小和性质以及对缓冲减振功能的要求。例如,对大功率的重载传动,可选用齿式联轴器;对有冲击载荷或要求消除轴系扭转振动的传动,可选用轮胎式联轴器等具有高弹性的联轴器。

② 联轴器的工作转速高低和引起的离心力大小。对于高速传动轴,应选用平衡精度高的联轴器,例如膜片联轴器等,而不宜选用存在偏心的滑块联轴器等。

③ 两轴相对位移的大小和方向。在安装调整过程中,难以保持两轴严格精确对中,或工作过程中两轴将产生较大的附加相对位移时,应选用挠性联轴器。例如当径向位移较大时,可选滑块联轴器;角位移较大或相交两轴的连接可选用万向联轴器等。

④ 联轴器的可靠性和工作环境。通常由金属元件制成的不需润滑的联轴器比较可靠;需要润滑的联轴器,其性能易受润滑程度的影响,且可能污染环境。含有橡胶等非金属元件的联轴器对温度、腐蚀性介质及强光等比较敏感,而且容易老化。

⑤ 联轴器的制造、安装、维护和成本。在满足使用性能的前提下,应选用装拆方便、维护简单、成本低的联轴器。例如刚性联轴器不但结构简单,而且装拆方便,可用于低速、刚性大的传动轴。一般的非金属弹性元件联轴器(例如弹性套柱销联轴器、弹性柱销联轴器、梅花形弹性联轴器等),由于具有良好的综合性能,广泛适用于一般的中小功率传动。

有关各类联轴器的性能及特点详见有关机械设计手册。选择联轴器类型时还应注意如下实际问题:

① 联轴器应首先考虑选用标准件。现在已有多种标准的联轴器,每种都有若干型号,适用场合广泛,便于查用。设计者应优先考虑选用标准件,特别是选用专业厂的产品。

② 根据工作要求选用适用的联轴器。安装在同一机座上的部件,工作载荷平稳,被连接两轴能严格对中和工作时不会发生相对位移的场合,可以采用刚性联轴器。

如果被连接的两轴分别安装在两个机座上,由于制造和安装误差或由于机座的刚性较差,不易保证两轴轴线都能精确对中,则宜采用无弹性元件的挠性联轴器。

如果被连接的两轴有较大的角位移或径向位移，宜采用万向联轴器。

对于高速、受变载荷、冲击载荷以及启动频繁的机器，宜采用有弹性元件的挠性联轴器，这类联轴器都具有一定的补偿轴线位移的功能。

③ 滚子链联轴器宜用于中、低速和正方向传动。滚子链联轴器结构简单，尺寸紧凑，维护、装拆方便，有一定补偿性能和缓冲作用。滚子链联轴器由于链条的套筒与其相配件间有间隙，反转时有空行程，因此不宜用于逆向和启动频繁的传动或立轴传动；同时，由于离心力过大会加速各元件间的磨损和发热，也不宜用于高速传动。

④ 使用凸肩和凹槽对中的联轴器，要考虑轴的拆装。采用具有凸肩的半联轴器和具有凹槽的半联轴器相嵌合而对中的凸缘联轴器时，要考虑在拆装时，轴必须作轴向移动。如果在轴不能作轴向移动或移动很困难的场合，则不宜使用这种联轴器。

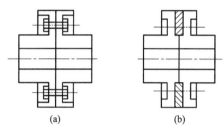

图 11-4　采用铰制孔精配螺栓对中和
采用剖分环相配合对中

因此，在需要对中而轴又不能作轴向移动的场合，要考虑其他适当的连接方式，例如采用铰制孔精配螺栓对中，如图 11-4（a）所示；或采用剖分环相配合对中，如图 11-4（b）所示。

⑤ 轴的两端传动件要求同步转动时，要使用无弹性元件的挠性联轴器。车轮等类型的传动件，在轴的两端被驱动且要求两端同步转动，否则会产生动作不协调或卡住。如果采用联轴器和中间轴传动，则联轴器一定要使用无弹性元件的挠性联轴器，否则会由于弹性元件变形使两端扭转变形不同，达不到同步转动，如图 11-5 所示。

⑥ 中间轴无轴承支承时，宜采用齿轮联轴器。通过中间轴驱动传动件时，如果中间轴是没有轴承支承的，则在其两端不能采用十字滑块联轴器与其相邻的轴连接，因为十字滑块联轴器中的十字盘是浮动的，容易造成中间轴运转不稳，甚至掉落。在这种情况下，可以采用具有中间轴的齿轮联轴器，如图 11-6 所示。

图 11-5　无弹性元件的挠性联轴器的使用

图 11-6　具有中间轴的齿轮联轴器

⑦ 实现两轴间同步转动的场合应采用双万向联轴器。若要求在相交的两轴或平行的两轴之间实现同步转动，应采用双万向联轴器，如图 11-7 所示，并且必须使联轴器的中间轴与主、从动轴之间的夹角相等，联轴器中间轴两端叉形接头的叉口应位于同一平面内。这样，角速度的变化能相互抵消，从而实现同步转动。

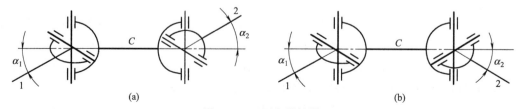

图 11-7　双万向联轴器

1,2—万向联轴器；C—中间轴

⑧ 制动轮的使用。在需要采用制动装置的机器中，在一定条件下，可利用联轴器中的半联轴器改为钢制后作为制动轮使用。

对于齿轮联轴器，由于它的外套是浮动的，当被连接的两轴有偏移时，外套会倾斜。因此，不宜将齿轮联轴器的浮动外套当作制动轮使用，否则容易造成制动失灵。

只有在使用具有中间轴的齿轮联轴器的场合，可以在其外套上改制或连接制动轮，如图11-8所示。

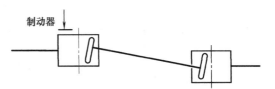

图11-8 使用具有中间轴的齿轮联轴器的场合

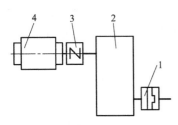

图11-9 减速器上联轴器的布置

1—十字滑块联轴器；2—减速器；

3—弹性套柱销联轴器；4—电动机

⑨ 弹性套柱销联轴器和十字滑块联轴器应分别设置在减速器的高速轴和低速轴，如图11-9所示。在减速传动中，减速器的输入轴和输出轴有时都需要采用联轴器。十字滑块联轴器由于无缓冲减振作用，工件易磨损，在安装有径向误差时，有较大的离心力，适用于转速低的两轴连接，因而宜将其布置在减速器的低速轴端。弹性套柱销联轴器宜布置在减速器的高速轴端，因为高速轴端受力小，可使联轴器尺寸小且又能充分发挥其缓冲吸振的优点。

⑩ 十字滑块联轴器（浮动盘联轴器）的使用。十字滑块联轴器，如图11-10所示，结构简单，允许径向位移，但有径向对中误差时，离心力大，不宜用于高速。轴直径 $d \leqslant 100$mm 时，$n_{max} = 250$r/min；轴直径 $d \leqslant 150$mm 时，$n_{max} = 100$r/min。这种联轴器没有国家标准，不推荐选用。

图11-10 十字滑块联轴器

⑪ 挠性联轴器的布置。为了均衡机械的转矩变动而使用飞轮，在此转矩变动源和飞轮之间不宜采用挠性联轴器，因为这会产生附加冲击、噪声，甚至损坏联轴器；可在飞轮与电动机之间使用联轴器，转矩变动源与飞轮直接连接较好，如图11-11所示。

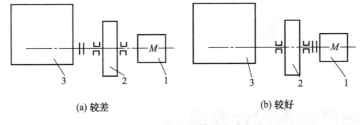

(a) 较差   (b) 较好

图11-11 挠性联轴器的布置

1—电动机；2—飞轮；3—转矩变动源

⑫ 载荷不稳定的场合宜选用液力联轴器。如图11-12所示，码头上安装的带式输送机，设计时采用头尾同时驱动方式，由于头、尾滚筒在实际运行中功率不平衡，功率大的驱动滚筒受力比较大，这种场合易使联轴器受力过大，采用液力联轴器（液力耦合器），头尾间载荷可自动平衡，工作可靠。

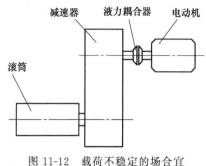

图 11-12　载荷不稳定的场合宜
选用液力联轴器

⑬ 两轴径向位移较大的场合宜采用十字滑块联轴器。图 11-13 所示为电除尘器的结构简图，采用机械锤击振打沉尘极框架的方法进行清理积尘。设计采用电动机通过减速装置和一级链传动（图中均未画出），带动一根贯通除尘器电场的通轴上的拨叉回转，拨叉每回转一圈则拨动固定在每一块框架侧端的振打锤使其举起，然后靠自重落下达到锤击框架的目的。由于电除尘器工作时通过的烟气温度一般在 250℃ 左右，在这种温变下工作的沉尘极框架产生变形，造成通轴的轴承移位，而传动轴支承则固定在除尘器的箱体上或外面的操作台上不产生变形，如此，造成传动轴与通轴的轴线发生偏斜。对这种径向位移较大的场合，可选用十字滑块联轴器。十字滑块联轴器主要用于两平行轴间的连接，工作时可自行补偿传动轴与通轴轴线的径向偏移，从而保证振打装置的正常工作。

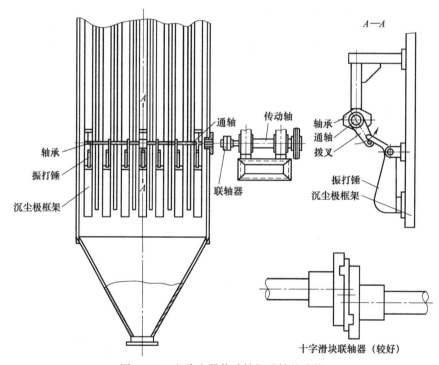

图 11-13　电除尘器传动轴与通轴的连接

11.3　联轴器结构设计要点

（1）高速旋转的联轴器突起物应埋入防护边中

在高速旋转的条件下，如果联轴器连接螺栓的头、螺母或其他突出物等从凸缘部分突出，则由于高速旋转而搅动空气、增加损耗或成为其他不良影响的根源，而且还容易危及人身安全。所以，一定要考虑使突出物埋入联轴器凸缘的防护边中，如图 11-14 所示。

（2）有滑动摩擦的联轴器要注意保持良好的润滑条件

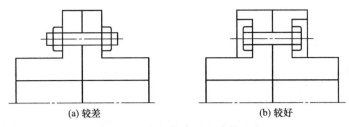

图 11-14 突起物应埋入防护边中

有些联轴器，例如十字滑块联轴器、齿轮联轴器、链条联轴器、万向联轴器等挠性联轴器，它们的相互接触的元件间会产生滑动摩擦，工作时需要保持良好的润滑条件。因此，在联轴器上必须要考虑相应的加油润滑系统，并经常保持良好的润滑，注意定期检查、及时更换新油和已损坏的密封件。

（3）工作转速较高的联轴器的全部表面都应切削加工

工作转速较高的联轴器，全部表面都应该经过切削加工，如图 11-15 所示，以利于平衡。为了调整两轴的相互位置以达到对中的要求，要利用联轴器外圆作为基准面或是测量面，因此外圆表面必须要求达到一定的精度、表面粗糙度和与轴孔的同心度。

（4）圆锥形轴孔联轴器使用场合

联轴器采用圆柱形轴孔制造比较方便，选用与轴的适当配合，可获得良好的对中精度；但是装拆不便，经多次装拆后，过盈量减少，会影响配合性质。

圆锥形轴孔的制造较费时，但依靠轴向压紧力产生过盈连接，保证有较高的对中精度。因此，对于经常装拆、载荷较大、工作时有振动和冲击以及双向回转工作的传动，宜采用圆锥形轴孔的联轴器，如图 11-16 所示。

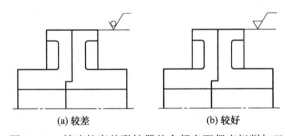

图 11-15 转速较高的联轴器的全部表面都应切削加工

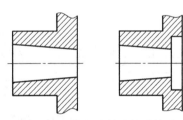

图 11-16 圆锥形轴孔的联轴器

（5）齿轮联轴器须采用润滑油润滑

为了减小磨损，必须对齿轮联轴器进行润滑。要注意不应采用油脂润滑，因为润滑脂被齿挤出来后不会自动流回到齿的摩擦面上，齿轮联轴器只应采用润滑油进行润滑，如图11-17所示，润滑油在运转时由于离心力的作用均匀分布在外周的所有齿上，停止时油集中在下部。所以，在任何情况下都不要将油加到密封部，否则会造成漏油甩出。

（6）联轴器连接两轴的支承应具有同一种形式

用联轴器连接两轴，如果一根轴用滑动轴承支承，另一根轴用滚动轴承支承，由于滑动轴承的间隙和磨损比滚动轴承大，会使滚动轴承受到较大附加载荷，甚至造成滚动轴承破坏。因此，联轴器连接两轴的支承应具有同一种形式，如图 11-18 所示。

（7）尼龙绳联轴器的两半联轴器端面应保持一定间隙

尼龙绳联轴器是以尼龙绳为弹性元件连接两半联轴器并传递动力的，分为轴向式〔图

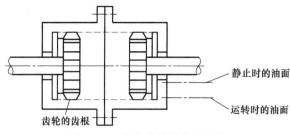

图 11-17　齿轮联轴器的油润滑

静止时的油面
运转时的油面
齿轮的齿根

图 11-18　联轴器连接两轴的支承应
具有同一种形式

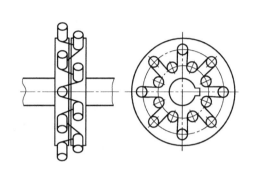

(a) 轴向式尼龙联轴器　(b) 径向式尼龙联轴器(一个
半联轴器凸缘外径小于另
一半联轴器凸缘外径)

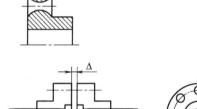

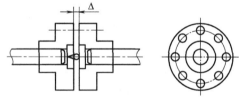

(c) 两端面保持一定间隙

图 11-19　尼龙联轴器

11-19（a）] 和径向式［图 11-19（b）］。尼龙绳联轴器是在两半联轴器的凸缘外表面上或凸缘端面上安装若干短的圆柱销，然后将尼龙绳来回交错地绕过圆柱销，组成一个封闭的环形，从而将两半联轴器连接起来；还可以直接将尼龙绳穿绕在两半联轴器凸缘孔中以连接两半联轴器。

使用尼龙绳联轴器必须注意：与尼龙绳接触发生摩擦的部位，其表面粗糙度值一般应小于 $Ra1.6\mu m$，必要时进行抛光处理，更不应有毛刺和尖角；为防止尼龙绳松弛或脱落，接头处必须牢固，在柱销处应采用钢丝箍紧等防松措施；穿绕的凸缘孔两端边缘应制成喇叭形或较大的圆角，使尼龙绳不致过早被切断以延长使用寿命。

为防止两半联轴器的端面相互贴紧而产生滑动摩擦，在穿紧尼龙绳时一定要使两端面保持一定间隙，如图 11-19（c）所示，这一间隙的大小由设置在两半联轴器之间的滚珠来控制。

（8）挠性联轴器缓冲元件宽度的设计

如果挠性联轴器的缓冲元件宽度比联轴器相应接触面的宽度大，则其端部被挤出部分将使轴产生移动，所以一般缓冲元件应取稍小于相应接触宽度的尺寸，如图 11-20 所示，以防被从联轴器接触面挤出妨碍联轴器的正常工作。

（9）销钉联轴器的销钉的配置

如图 11-21（a）所示的销钉联轴器，用一个销钉传力时，如果联轴器传递的转矩为 T，则销钉受力 $F=T/r$（r 为销钉回转半径），此力对轴有弯曲作用；如果采用一对销钉，如图 11-21（b）所示，则每个销钉受力为 $F'=T/2r$，仅为前者的一半，而且二力组成一个力偶，对轴无弯曲作用。

（10）联轴器的弹性柱销要有足够的装拆尺寸

弹性套柱销联轴器的弹性柱销，应在不移动其他零件的

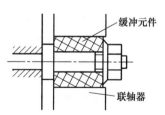

缓冲元件
联轴器

图 11-20　挠性联轴器缓冲
元件宽度的设计

条件下自由装拆,如图 11-22 所示,设计时尺寸 A 有一定要求,就是为拆装弹性柱销而定。如果装拆时尺寸 A 小于设计规定,右侧空间狭窄,手不能放入,拆装弹性套柱销时,必须卸下电动机才能进行处理,非常麻烦,应尽量避免。

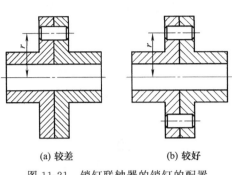

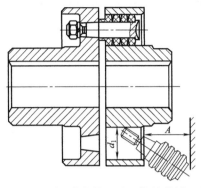

(a) 较差   (b) 较好

图 11-21 销钉联轴器的销钉的配置   图 11-22 弹性套柱销要有足够的装拆尺寸

11.4 离合器类型选择要点

11.4.1 离合器的类型

离合器主要用来连接两轴,使其一起转动并传递转矩。对离合器的基本要求是:接合平稳、分离迅速、工作可靠;操作和维护方便;外廓尺寸小、重量轻;耐磨性和散热性好。离合器的种类很多,按控制方法的不同,可分为操纵式离合器和自动式离合器两类。前者的接合和分离需要人工操纵,后者则能按照预定的条件自行接合或分离。

(1) 操纵式离合器

操纵式离合器主要有啮合式和摩擦式两类。啮合式离合器靠牙的互相啮合传递转矩,摩擦式离合器靠摩擦力传递转矩。

① 牙嵌离合器 如图 11-23 所示,牙嵌离合器是由两个端面带牙的半离合器组成,其中一个半离合器用键和螺钉固定在主轴上,另一个半离合器则用导向平键或花键与从动轴构成动连接,通过操纵机构可使它在轴上作轴向移动,以实现两半离合器的接合与分离。

② 摩擦离合器 摩擦离合器可分为单片式、多片式和圆锥式三类。

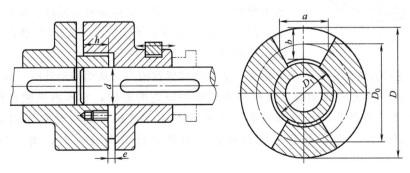

图 11-23 牙嵌离合器

　　a. 单片式摩擦离合器　如图 11-24 所示，单片式摩擦离合器由主、从两个摩擦片组成，主动摩擦片固定在主动轴上，从动摩擦片通过导向平键与从动轴构成动连接。操纵滑环，可使从动摩擦片作轴向移动，以实现摩擦片的接合与分离。单片式摩擦离合器的结构简单，传递的转矩小，在实际生产中常采用多片式摩擦离合器。

　　b. 多片式摩擦离合器　如图 11-25 所示，多片式摩擦离合器主要由内、外两组摩擦片和内、外两个套筒组成。外摩接片靠外齿与外套筒上的凹槽构成动连接，而外套筒又用平键固连在主动轴上；内摩擦片靠内齿与内套筒上的凹槽也构成动连接，内套筒则用平键或花键与从动轴相固连。当操纵装置使锥套向左移动时，杠杆就把两组摩擦片互相压紧，使从动轴随主动轴一起旋转。压紧力的大小可通过改变调节螺母的位置来实现。当锥套向右移动时，两组摩擦片就松开，离合器处于分离状态。

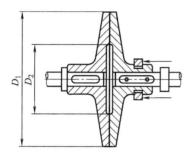

图 11-24　单片式摩擦离合器

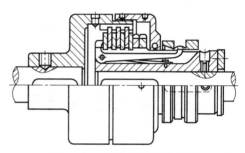

图 11-25　多片式摩擦离合器

　　多片式摩擦离合器的传动能力与摩擦面的对数有关，摩擦片愈多，摩擦面的对数也愈多，所传递的功率就愈大。如所传递的功率一定，则它的径向尺寸与单片相比可大为减小，所需轴向压力也可大大减小。因此，多片式摩擦离合器结构紧凑，操作轻便，应用很广。

　　（2）自动离合器

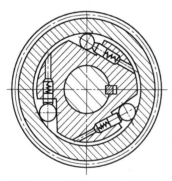

图 11-26　滚柱式定向离合器

　　自动离合器是一种能根据机器的运转参数（如转矩、转速或转向等）的变化而自动完成接合和分离动作的离合器。常用的自动离合器有：控制转矩的安全离合器、控制转速的离心式离合器和控制旋转方向的定向离合器三类。下面简要介绍定向离合器。

　　定向离合器也称为超越离合器。它只能单向传递转矩，反向时就自动分离。定向离合器的种类很多，如图 11-26 所示为滚柱式定向离合器，它由星轮、外环、滚柱和弹簧等组成。弹簧的作用是将滚子压向星轮的楔形槽内，使其与星轮、外圈相接触。

　　星轮为主动件作顺时针方向转动时，滚柱就楔紧在槽内，从而带动外圈一起转动。

　　当星轮逆时针方向转动时，滚柱被推到槽中较宽的部位，它不再楔紧在槽内，因而外圈就不转动，离合器处于分离状态。若外圈为主动件时，则情况刚好相反，即外圈逆时针方向转动时，离合器处于接合状态；而顺时针方向转动时，离合器处于分离状态。

　　定向离合器工作时无噪声，适宜高速、防止逆转、间歇运动等场合，但制造精度较高。

11.4.2 离合器类型选择要点

（1）牙嵌式离合器宜用于转速差小、轻载的场合

牙嵌式离合器接合牙为金属制成，刚度大，在大转速差时接合会产生相当大的冲击，引起陡振和噪声，特别是在有负载情况下高速接合，有可能使凸牙因受冲击而断裂。因此，牙嵌式离合器只能用在两轴静止或两轴的转速差很小时，在空载或轻载情况下进行接合的传动系统。

（2）要求分离迅速的场合不要采用油润滑的摩擦盘式离合器

在某些场合下，主、从动轴的分离要求迅速，在分离时没有拖滞。此时，不宜采用油润滑的摩擦盘式离合器。

由于润滑油具有黏性，使主、从动摩擦盘间容易粘连，致使不易迅速分离，造成拖滞现象。若必须采用摩擦盘式离合器时，应采用干摩擦盘式离合器，如图 11-27（a）所示；或将内摩擦盘做成碟形，如图 11-27（b）所示，松脱时，由于内盘的弹力作用可迅速与外盘分离。

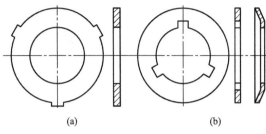

图 11-27 要求分离迅速的场合用摩擦盘式离合器

（3）多盘式摩擦离合器应在中低温下工作

多盘式摩擦离合器能够在结构空间很小的情况下传递较大的转矩，这有利于它的广泛应用。但是要注意，对于承受高温的离合器，在滑动时间长的情况下会产生大量热量，容易导致损坏，因此，宁可采用摩擦面少的离合器，例如单盘摩擦离合器。

（4）离心离合器不宜用于变速传动和启动过程太长的场合

离心离合器是靠离心体产生离心力，通过摩擦力来传递转矩，以达到自动分离或接合的。它所传递的转矩与转速的平方成正比，因此不宜用于变速传动和低速传动系统。由于离心体相对于从动体的接合过程实际上是一个摩擦打滑过程，在主、从动侧未达到同步前，伴随有摩擦发热和磨损及能量的消耗，所以离心离合器也不宜用于频繁启动工况和启动过程太长的场合应用。

（5）带负载直接启动困难的机械，宜用离合器取代联轴器

某些大型机械带负载直接启动困难且启动功率和转矩很大，宜用离合器代替联轴器以实现平稳启动，例如将柱销联轴器［图 11-28（a）］改为气压离合器［图 11-28（b）］，实现分离启动，启动平稳，延长了电动机和机械设备的寿命。

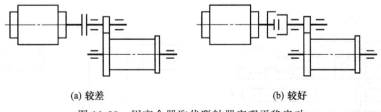

(a) 较差　　　　　　　　　　(b) 较好

图 11-28 用离合器取代联轴器实现平稳启动

（6）启动频繁且需要经常正反转的传动系统中，宜设置离合器

在传动系统中，如果电动机启动频繁且需要经常正反转，在较大的启动电流作用下，电动机容易发热烧毁。在这种情况下，宜在传动系统中设置离合器，使电动机能实现空载启动。

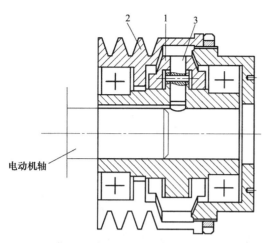

图 11-29　启动频繁且正反转的传动系统中的离合器
1—离心块；2—凸缘；3—导销

例如图 11-29 所示，一般机械常在电动机轴上安装主动带轮，如在带轮内设置离心离合器，电动机启动时离合器处于分离状态，随着电动机转速增加，离合器的三块锥面离心块 1 沿导销 3 作径向移动，直至与凸缘 2 内锥面紧紧接触，从而带动带轮作正向转动。当电动机反向时，其过程必然是逐渐减速到零再反转，离心块 1 上的离心力也逐渐减少直至为零，离心块与带轮内缘分离。当电动机反转逐渐增速时，离心块又受离心力作用沿导销飞出，使离心块压紧带轮内锥面，从而带动带轮作反向转动。由此不论正转或反转均实现了空载平稳启动，保护了电动机。

11.5　离合器结构设计要点

（1）牙嵌式离合器需要设置对中装置

牙嵌式离合器由于没有弹性，它对被连接的轴在径向方向和角度方向上不大的位移很敏感，所以在它的结构中要设置对中环，以保证两半离合器能有良好的同心度。对中环用螺钉固定在主动的半离合器上，如图 11-30 所示。

（2）离合器操纵环应安装在与从动轴相连的半离合器上

多数离合器采用机械操纵机构，最简单的是由杠杆、拨叉和滑环所组成的杠杆操纵机构。

由于离合器在分离前和分离后，其主动半离合器是转动的而从动半离合器是不转动的，为了减少操纵环与半离合器之间的磨损，应尽可能将离合器操纵环安装在与从动轴相连的半离合器上，如图 11-30 所示。

（3）机床中离合器应安装在电动机输出轴上

机床中的离合器应安装在电动机输出轴上，如图 11-31 所示，这样在电动机开动时，可避免箱中机件在机床启动前的不必要磨损，而且还能避免主轴箱中的机件由于骤然转动而遭受有害的冲击力。

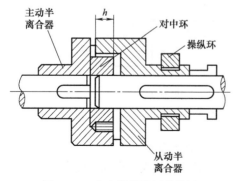

图 11-30　离合器操纵环的位置

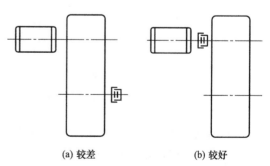

(a) 较差　　　(b) 较好

图 11-31　离合器应放置在电动机输出端

（4）变速机构中离合器的安放位置应避免出现超速现象

在自动或半自动机床等传动系统中，往往需要在运行过程中变换主轴转速，而机床主轴转速又较高，所以常采用摩擦离合器变速机构。设计传动系统时，对于摩擦离合器在传动系统中的安放位置，应注意避免出现超速现象。超速现象是指当一条传动路线工作时，在另一条不工作的传动路线上，传动构件（例如齿轮）出现高速空转现象。

在图 11-32 中，Ⅰ轴为主动轴，Ⅱ轴为从动轴，各轮齿数为 $A=80$，$B=40$，$C=24$，$D=96$。当两个离合器都安装在从动轴上时，如图 11-32（a）所示，当 M_1 接合、M_2 断开时，D 轮的空转转速为 $n_1/4$，Ⅱ轴的转速为 $2n_1$，则离合器 M_2 的内、外摩擦片之间相对转速为 $2n_1-n_1/4=1.75n_1$，相对转速较低，避免了超速现象。

有时为了减小轴向尺寸，把两个离合器分别安装在两个轴上，当离合器与大齿轮安装在一起，如 11-32（b）所示，就不会出现超速现象。

（5）注意剪切销式安全离合器的受力不平衡现象

采用剪切销式安全离合器是为了限定所传递的转矩不超过预定的安全值，从而保护机器的重要零件不受损坏。

若限定的安全转矩要求尽可能准确时，宜采用单销，且应正确选择销的材料，如图 11-33（a）所示。在预计的剪切面处可以加工出 V 形环槽，这时其剪切载荷的变化范围较小。也可以采用双销，如图 11-33（b）所示，此时，对称两销的切向载荷方向相反，可避免轴和轴承所承受的附加径向载荷。但双销有可能因载荷分配不匀而使安全转矩的准确度降低。

为了使圆柱销被剪断后断口的毛刺不致损坏半联轴器的端面，通常要在半联轴器的销孔中设置经过淬火的硬质钢套。

为避免销的疲劳强度影响，应尽可能将剪切销式安全离合器装设在转速较低的轴上。这种联轴器不适用于频繁过载的场合。

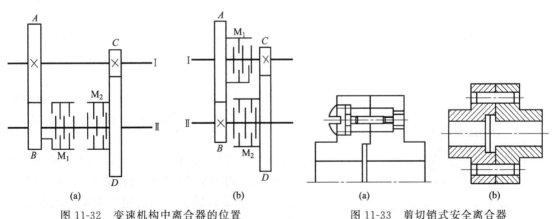

図 11-32　变速机构中离合器的位置　　　　　图 11-33　剪切销式安全离合器

（6）要保证圆锥摩擦离合器在磨损时接合面的正常接触

圆锥摩擦离合器在使用一定时间后，接合面会发生磨损影响接合锥面的正常接触。为保证两接合面磨损后仍能正常接触，必须在内外锥面上加工出内外圆柱面，如图 11-34 所示。

（7）多盘式摩擦离合器的摩擦盘数不宜过多

图 11-34　圆锥摩擦离合器应加工出内外圆柱面

多盘式摩擦离合器，当传递较大转矩时，可以增多摩擦盘的数目，而离合器的径向尺寸和轴向压力都不增加。但摩擦盘数增加过多时，传递转矩并不能随之成正比例增大，还会影响分离动作的灵活性。摩擦盘数一般限制在 $10\sim15$ 对以下。

11.6 制动器类型选择要点

11.6.1 制动器的分类及应用

制动器工作原理是利用接触面的摩擦力矩、流体的黏滞力或电磁的阻尼力，以吸收运动机件的能量来实现制动作用，或者利用制动力与重力的平衡，使机器运转速度保持恒定或迫使机件减速甚至停止。

（1）制动器的分类

一般按照吸收运动机件能量的构造，制动器可分为下列几类：

① 按驱动部件可分为机械制动器、气压制动器、液压制动器、电动制动器、人力制动器等。

② 按制动部件可分为外抱块式制动器、内胀蹄式制动器、带式制动器、盘式制动器、磁粉制动器、磁涡流制动器。

③ 按功能可分为离合制动器、防爆制动器、防风制动器等。

④ 按工作状态可分为常闭式制动器和常开式制动器。常闭式制动器靠弹簧或重力使其经常处于抱闸状态，机械设备工作时松闸，如卷扬机、起重机的起升和变幅机构等。常开式制动器常处于松闸状态，抱闸时需施加外力，如运输车辆和起重机的运行机构、旋转机构等，此类机械需控制制动力矩的大小，以便减速、停车。

（2）几种常用制动器的介绍

① 机械式制动器。此类制动器主要是利用弹簧压力、重力、油压、气压、凸轮等动力传动方式，使带、块、靴、盘等各种构造与制动鼓轮接触，产生摩擦阻力，使机械减速或停止的装置。

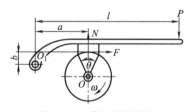

图 11-35　单块状制动器

a. 块状制动器。块状制动器是由产生摩擦阻力的制动块与鼓轮之间产生摩擦阻力，以达到制动效果的装置。这种制动器又分为：

• 单块状制动器。如图 11-35 所示，此种制动器因正压力只有单向作用于制动鼓轮的旋转轴上，所以会产生较大的弯曲力矩于旋转轴上，不适用于大动力的制动机构，只适用于较小动力的制动机构。

• 双块状制动器。如图 11-36 所示，由于双块状制动器的结构是对称的，正压力双向作用于制动鼓轮的旋转轴，所以不易产生弯曲力矩于旋转轴上，因此适用于较大动力的制动机构。

b. 带状制动器。如图 11-37 所示，带状制动器是常用制动器之一，主要由制动鼓轮、制动带及杠杆三部分构成。其制动原理是当杆件受外力作用时，产生偏移作用，拉紧制动带，使其包住转动中的鼓轮，产生摩擦阻力作用，使鼓轮被制动。

c. 内靴状制动器。如图 11-38 所示，内靴状制动器具有块状及带状制动器的特点，以两

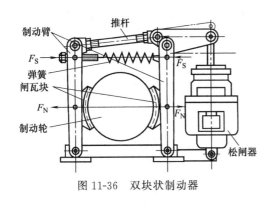

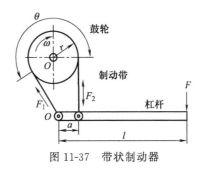

图 11-36 双块状制动器　　　　　图 11-37 带状制动器

相同金属块制成靴状，再以摩擦性能好的材料涂敷于其上，装于鼓轮的内侧。当制动时利用凸轮或油压，使靴状金属块往外扩张，迫使制动片抵住鼓轮，产生制动作用。这种制动器被广泛应用于机车、汽车、卡车等需要高制动能力的场所。

　　d. 圆盘式制动器。圆盘式制动器是靠圆盘间的摩擦力实现制动的制动器，主要有全盘式和点盘式两种类型，如图 11-39 所示。

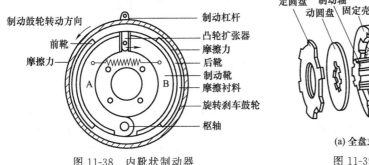

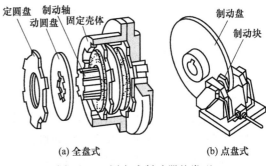

图 11-38 内靴状制动器　　　　图 11-39 圆盘式制动器的类型

　　• 全盘式制动器。全盘式制动器由定圆盘和动圆盘组成。定圆盘通过导向平键或花键连接于固定壳体内，而动圆盘用导向平键或花键装在制动轴上，并随轴一起旋转。当受到轴向力时，动、定圆盘相互压紧而制动。这种制动器结构紧凑、摩擦面积大、制动力矩大，但散热条件差。为增大制动力矩或减小径向尺寸，可增多盘数和在圆盘表面覆盖一层石棉等摩擦材料。

　　• 点盘式制动器。点盘式制动器是制动块通过液压驱动装置夹紧装在轴上的制动盘而实现制动的。为增大制动力矩，可采用数对制动块。各对制动块在径向上成对布置，以使制动轴不受径向力和弯矩。点盘式制动器比全盘式制动器散热条件好，装拆也比较方便。

　　圆盘式制动器体积小、质量轻、动作灵敏，较多地用于起重运输机械和卷扬机等机械中。

　　② 液体式制动器。液体制动器主要是利用物体在液体内运动时，受到液体的黏滞阻力和摩擦力来降低速度。这种制动器只能降低转轴的速度，不能够使其完全停止，如需要完全停止，还必须另外使用机械式的制动。液体制动器一般应用于油田或矿山等污垢多、适用环境恶劣的工作场所和机械式制动器容易失效的地方。

　　③ 电磁式制动器。将机械能转变为电能或热能，或利用电能转变为电磁阻力以达到制动目的的制动器称为电磁式制动器。

a. 电磁涡流制动器。制动部件与运动部件借助于电磁感应产生电涡流的作用，具有制动功能的制动器称为电磁涡流制动器。

b. 磁粉制动器。利用磁粉磁化时产生的内力制动的制动器称为磁粉制动器。这种制动器体积小、质量轻、激磁功率小且制动力矩与转动件的转速无关，磁粉会引起零件磨损，主要用于制动（制动转矩可调）、精密定位、测试加载、张力控制等。

（3）制动器的应用

随着制动技术的发展，制动系统已成为集机械、电、液、材料、计算机技术于一体的现代化装置。制动器的选型与计算，应考虑制动器的类型、性能如何满足配套工作机的要求、可靠性和经济性。例如，起重运输机械用的制动器要求制动力矩随外载荷变化而变化，有制动瓦衬磨损的，需设置自动补偿装置、遥控系统和自动监测功能等；飞机的制动系统要求能适应各种跑道路面的条件，改变制动力矩大小，保证飞机轮胎不被跑道擦伤而导致爆破；矿井巷道下带式输送机的制动系统，要求防爆，采用液体制动原理，成为机、电、液联合制动系统等。

11.6.2　制动器的类型选择要点

一些应用广泛的制动器已标准化、系列化。选用制动器应根据使用要求与工作条件，优先在标准制动器中选择。

（1）制动器类型的选择原则

① 要考虑工作机械的工作性质和条件、制动器的应用场合、配套主机的性能和条件。通常要求制动器尺寸紧凑、制动力矩大、散热性能好，则应选用点盘式制动器；只要求尺寸紧凑、制动力矩大，不考虑散热或散热要求不高时，就可以选用多盘式制动器、块状制动器或带状制动器；起重机的起升和变幅机构、矿山机械的提升机、卷扬机都必须选用常闭式制动器，以保证安全可靠；起重机的行走和回转机构以及车辆等则多采用常开式制动器。

② 充分重视制动器的重要性。制动力矩必须有足够的安全系数。对于安全性有较高要求的机构需装设双重制动器，例如运送熔化金属的起升机构，规定必须装设两个制动器，其中每一个都能安全地支持吊物，不致坠落；对于起重制动器，则应考虑散热问题，在选用设计计算时，必须进行热平衡验算，以免过热损坏或失效。

③ 考虑安装条件。如制动器安装有足够的空间，可选用块状制动器或臂式盘形制动器；安装空间有限制，则应选用内蹄式、带状制动器。

④ 制动器通常安装在传动系统的高速轴上，此时，需要的制动力矩小，制动器的体积小、质量轻，但安全可靠性相对较差；如安装在低速轴上，则比较安全可靠，但转动惯量大，所需的制动力矩大，制动器的体积和质量相对也大。

⑤ 配套主机的使用环境、工作和保养条件。例如，主机上有液压站，则选用带液压的制动器；固定不移动和要求不渗漏液体的设备、就近又有气源时，则选用气动制动器；主机希望干净并有直流电源，则选用直流短程电磁铁制动器；要求制动平稳、无噪声，则选用液压制动器或磁粉制动器。

（2）制动器类型选择要点

① 对于重要的机械装置，使用蜗杆机构时必须设置制动器或停止器。蜗杆机构的自锁作用是不够可靠的，因当它磨损时就有可能失去自锁作用，会导致发生严重事故，因此对于起重装置、电梯等自锁失效会引起严重后果的重要机械装置，如采用蜗杆机构传动时，必须

另设制动器或停止器，蜗杆机构本身只起辅助的制动作用，如图 11-40 所示。

② 尽量采用双瓦块制动器。瓦块制动器结构简单，但无论是外抱式瓦块或内胀式瓦块都尽量采用对称布置的双瓦块制动器，如图 11-41 所示，在制动时可使制动轮轴免受弯曲，因而得到了广泛的应用。

③ 要注意带式制动器中制动轮轴的回转方向。带式制动器结构简单、紧凑，可以产生比较大的制动力矩，但是制动轮轴的回转方向是有一定要求的。图 11-42（a）所示简单的带式制动器在正常情况下制动轮轴应按顺时针方向回转，如果回转方向改变时，则制动力矩要减小，因此不宜用于需要双向回转的机械中。

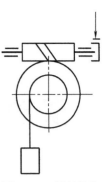

图 11-40　蜗杆机构须设制动器

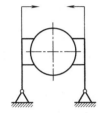

图 11-41　双瓦块制动器

如果制动轮轴需要双向回转，则带的两端应使用相同的制动器，如图 11-42（b）所示，这样制动力矩就不受制动轮轴回转方向的影响了。

④ 对于高安全性的传动系统，应设置两级以上制动器。一般情况下，制动器应设置在传动系统中转速较高的轴上，这样所需制动力矩小，制动器尺寸就可以小。但是对于安全性要求很高或起吊危险物品等场合则需要设置两级制动器，甚至在低速轴上也有必要加装有足够大的制动力矩的制动器。

图 11-43 所示为一客运索道传动机构，在电动机 1 两端设置电磁制动器 2 和 4，在低速级驱动绳轮 6 上设置制动轮 7，这样可以达到两级制动效果，从而可使索道平稳制动停车，保证安全。另外，在提升机构中用一个原动机来驱动几个机构时，每个机构也应单独设置制动器。

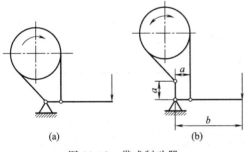

(a)　　　　(b)

图 11-42　带式制动器

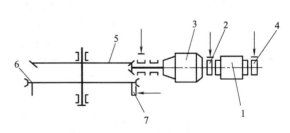

图 11-43　客运索道传动机构

1—电动机；2,4—电磁制动器；3—减速器；5—齿轮；
6—绳轮；7—制动轮

⑤ 应充分注意制动器的任务。支持制动器的制动转矩必须有足够的储备，即应保证一定的安全系数。对于落重制动器，应考虑散热问题，它必须具有足够的散热面积，使其能将重物位能所产生的热量散去，以免过热损坏或失效。

⑥ 应考虑应用的场所。安装制动器地点如果有足够的空间，则可选择外抱块式制动器，空间受限制处，则可采用内蹄式、带式或盘式制动器。

第12章

滑动轴承结构设计

12.1 概述

轴承的功用是支承轴和轴上零件，减少轴与支承之间的摩擦和磨损，保证轴的旋转精度。

根据工作面摩擦性质的不同，可把轴承分为滑动摩擦轴承（简称滑动轴承）和滚动摩擦轴承（简称滚动轴承）两大类。滚动轴承由于摩擦系数小、启动阻尼小，而且已经标准化，选用、润滑、维护都很方便，因此在一般机器中得以广泛应用。但由于滑动轴承本身具有的一些独特优点，使它在某些不能、不便使用滚动轴承或使用滚动轴承没有优势的场合，如在高速、高精度、重载、结构上要求剖分以及在水或腐蚀性介质中工作等场合下，就显示出它的优异特性。因此，在轧钢机、汽轮机、离心式压缩机、内燃机、铁路机、大型电机、航空发电机附件、雷达、卫星通信地面站、天文望远镜以及各种仪表中等多采用滑动轴承。此外，在低速而带有冲击的机器中，如水泥搅拌机、滚筒清砂机、破碎机等也常采用滑动轴承。

滑动轴承的类型很多，按其承受载荷方向的不同，可分为径向滑动轴承（承受径向载荷）和止推滑动轴承（承受轴向载荷）。根据其滑动表面间润滑状态的不同，可分为液体润滑轴承、不完全液体润滑轴承（指滑动表面间处于边界润滑或混合润滑状态）和自润滑轴承（指工作时不加润滑剂）。根据液体润滑承载机理不同，又可分为液体动力润滑轴承（简称液体动压轴承）和液体静压润滑轴承（简称液体静压轴承）。各类滑动轴承的特点与应用见表12-1。

表 12-1　各类滑动轴承的特点及应用

分　类			特　点	应　用
非完全流体润滑轴承	径向滑动轴承	整体式	一般采用润滑脂、油绳与滴油形式润滑，轴颈与轴承表面得不到足够润滑剂，液体油膜不连续。结构简单，摩擦因数较大，磨损较大	轴与轴瓦之间的间隙能调整，结构简单，轴颈只能从轴端装拆	一般用于转速低、轻载而且允许装拆的机器上
		剖分式		轴与轴瓦之间的间隙可以调整，安装简单	当机器装拆有困难时，常采用这种方式
		自位式		轴瓦可在轴承座中适当地摆动，以适应轴在弯曲时所产生的偏斜	用于传动轴有偏斜的场合，其中关节轴承适用于相互有摆动的杆件铰接处，承受径向载荷
	止推滑动轴承			常用平面止推滑动轴承，由于缺乏液体摩擦的条件，而处于不完全流体润滑状态，需要与向心轴承同时使用	用于承受轴向力的场合
	粉末冶金轴承（含油轴承）			具有多孔性，油存于孔隙中，在较长的时间里不添加润滑油而能自动润滑，保证正常工作，但由于其材质比较松软，故承受载荷能力较低	用于轻载、低速和不易加油的情况

续表

分　类		特　点	应　用
非完全流体润滑轴承	塑料轴承	一般采用润滑脂、油绳与滴油形式润滑,轴颈与轴承表面得不到足够润滑剂,液体油膜不连续。结构简单,摩擦因数较大,磨损较大	与金属轴承相比,塑料轴承重量轻,维护简便。化学稳定性好,耐磨性和耐疲劳强度高,且具有减振、吸声、自润滑性、绝缘和自熄性的特点。但热膨胀系数大,导热系数低,吸湿性较大,强度和尺寸稳定性不如金属	用于速度不高或散热性好的地方,工作温度不宜超过65℃,瞬时工作温度不超过80℃
	橡胶轴承		能吸收振动和冲击力,在有杂质的环境中耐磨、耐腐蚀性好,但其单位强度较金属低,耐热性差,不适合在高温及与油类或有机溶剂相接触的环境中使用	用于船舶轴管中的轴承必须减振的场合及在腐蚀环境下工作
	木轴承		木轴承质轻价廉,能吸收冲击,对轴的偏斜敏感性小,但强度低,导热性及耐湿性、耐磨性差	用于轻载必须减振的场合,如农业机械圆盘耙轴承、大粒矿石输送泵轴承等
液体润滑轴承	液体动压轴承		轴颈与轴承工作表面间被油膜完全隔开。动压轴承必须具备:①轴承有足够的转速;②有足够的供油量,润滑油具有一定的黏度;③轴颈与轴承工作表面之间具有适当的间隙。多油楔动压轴承可满足轴的高精度回转要求,寿命长	用于高转速及高精度机械,如离心压缩机的轴承等
	液体静压轴承		轴颈与轴承被外界供给的一定压力的承载油膜完全隔开,油膜的形成不受相对滑动速度的限制,在各种速度(包括速度为零)下均有较大承载能力。轴的稳定性好,可满足轴的高精度回转要求,摩擦因数小,机械效率高,寿命长	主要用于:①低速难以形成油膜重载的地方,如立式车床、龙门卧铣床、重型电机等;②要求回转精度高的场合
	气体动压、静压轴承		气体动压、静压轴承,用空气或其他气体作润滑剂,摩擦因数小,机械效率高,可满足高速运转的要求	气体轴承用作陀螺转子、电视录像机轴承
无轴承润滑	塑料、碳石墨轴承		在无润滑油或油脂的状态下运转	应用较少
其他	固体润滑轴承		用石墨、二硫化钼、酞菁染料、聚四氟乙烯等固体润滑剂润滑	用于极低温、高温、高压、强辐射、太空、真空等特殊工况条件下
	磁流轴承 静电轴承 磁力轴承		用磁流体作润滑剂 用电力场使轴悬浮 用磁力场使轴悬浮	多用于高速机械及仪表中

12.2　滑动轴承的结构形式

（1）径向滑动轴承（向心滑动轴承）

① 整体式径向滑动轴承　整体式径向滑动轴承的结构形式如图12-1所示,它由轴承座和减摩材料制成的整体轴套组成。轴承座上面设有安装润滑油杯的螺纹孔。在轴套上开有油孔,并在轴套的内表面上开有油槽。这种轴承的优点是结构简单、成本低廉,缺点是轴套磨

损后，轴承间隙过大时无法调整；另外，只能从轴颈端部装拆，对于重型机器的轴或具有中间轴颈的轴，装拆很不方便或无法安装。所以这种轴承多用在低速、轻载或间歇性工作的机器中，如某些农业机械、手动机械等。这种轴承所用的轴承座叫做整体有衬正滑动轴承座。

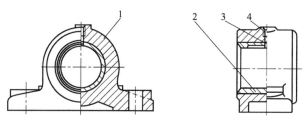

图 12-1　整体式径向滑动轴承
1—轴承座；2—整体轴套；3—油孔；4—螺纹孔

② 对开式径向滑动轴承　对开式径向滑动轴承的结构形式如图 12-2 所示。它是由轴承座、轴承盖、剖分式轴瓦和双头螺柱等组成。轴承座和轴承盖的剖分面常做成阶梯形，以便对中和防止横向错动。轴承盖上部开有螺纹孔，用以安装油杯或油管。剖分式轴瓦由上、下两半组成，通常是下轴瓦承受载荷，上轴瓦不承受载荷。为了节省贵重金属或因其他需要，常在轴瓦内表面上贴附一层轴承衬。在轴瓦内壁不承受载荷的表面上开设油槽，润滑油通过油孔和油槽流进轴承间隙。轴承剖分面最好与载荷方向近于垂直，多数轴承的剖分面是水平的（也有做成倾斜的，如倾斜 45°，如图 12-3 所示），以适应径向载荷作用线的倾斜度超出轴承垂直中心线左右 35°范围的情况。这种轴承装拆方便，并且轴瓦磨损后可以用减少剖分面处的垫片厚度来调整轴承间隙（调整后应修刮轴瓦内孔）。这种轴承所用的轴承座叫做对开式二螺柱正滑动轴承座。

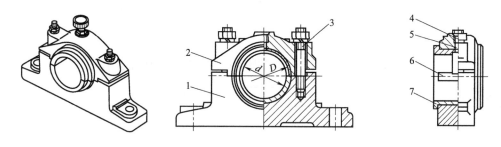

图 12-2　对开式径向滑动轴承
1—轴承座；2—轴承盖；3—双头螺柱；4—螺纹孔；5—油孔；6—油槽；7—剖分式轴瓦

另外，还可将轴瓦的瓦背制成凸球面，并将其支承面制成凹球面，从而组成调心轴承，用于支承挠度较大或多支点的长轴。

轴瓦是滑动轴承中的重要零件。如图 12-4 所示，向心滑动轴承的轴瓦内孔为圆柱形。若载荷 F 方向向下，则下轴瓦为承载区，上轴瓦为非承载区。润滑油应由非承载区引入，所以在顶部开进油孔。在轴瓦内表面，以进油口为中心沿纵向、斜向或横向开有油沟，以利于润滑油均匀分布在整个轴颈上。油沟的形式很多，如图 12-5 所示。一般油沟与轴瓦端面保持一定距离，以防止漏油。

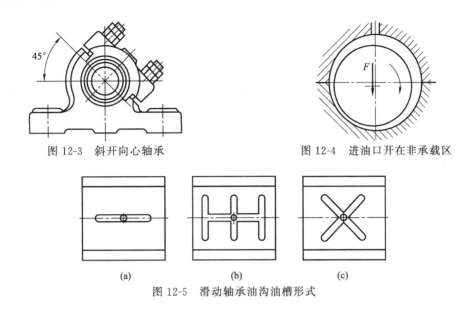

图 12-3 斜开向心轴承　　　　　　　　图 12-4 进油口开在非承载区

图 12-5 滑动轴承油沟油槽形式

（2）止推滑动轴承

止推滑动轴承由轴承座和止推轴颈组成。常用的结构形式有空心式、单环式和多环式，其结构及尺寸见表 12-2。通常不用实心式轴颈，因其端面上的压力分布极不均匀，靠近中心处的压力很高，对润滑极为不利。空心式轴颈接触面上压力分布较均匀，润滑条件较实心式有所改善。单环式是利用轴颈的环形端面止推，而且可以利用纵向油槽输入润滑油，结构简单，润滑方便，广泛用于低速、轻载的场合。多环式止推轴承不仅能承受较大的轴向载荷，有时还可承受双向轴向载荷。

表 12-2 止推滑动轴承形式及尺寸

空 心 式	单 环 式	多 环 式
由轴的结构设计拟定 $d_1=(0.4\sim0.6)d_2$ 若结构上无限制，应取 $d_1=0.5d_2$	d_1、d_2 由轴的结构设计拟定	d 由轴的结构设计拟定 $d_2=(1.2\sim1.6)d$，$d_1=1.1d$ $h=(0.12\sim0.15)d$，$h_0=(2\sim3)h$

12.3 滑动轴承结构设计要点

12.3.1 滑动轴承支撑结构设计要点

（1）消除边缘接触

边缘接触是滑动轴承经常出现的问题，它使轴承受力不均，加速轴承磨损，应尽量避免。如图 12-6 所示的中间齿轮的支撑，必须使力的作用平面通过轴承的中心，这样可以避免产生边缘压力和加速磨损。

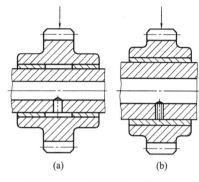

图 12-6　中间齿轮的支撑装置

支撑悬臂轴的轴承最易产生边缘接触，例如图 12-7 所示一小型轧钢机减速器轴采用的滑动轴承。如图 12-7(a) 所示为了均衡轧钢机工作时的载荷，在减速器的高速轴上悬臂安装了一小直径的飞轮。由于飞轮是悬臂安装，轴挠度较大，对轴承产生偏心力矩，轴承在接近飞轮的一侧产生较大的边缘压力，加之飞轮旋转时产生剧烈的径向颤抖、振动，轴承将磨损严重，甚至烧坏。据此，如图 12-7(b) 所示在飞轮的外侧增加一个滑动轴承，悬臂轴成为双支撑，减少了轴的挠度，消除了偏心力矩产生的边缘接触，可使减速器正常运转，轧钢机正常工作。

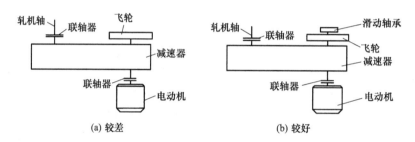

图 12-7　一小型轧钢机减速器轴采用的滑动轴承

（2）轴承支座受力应合理

① 符合材料特性的支承结构　钢材的抗压强度比抗拉强度大，铸铁的抗压性能更优于它的抗拉性能。在有些情况下，滑动轴承支撑的结构设计应根据受力状况将材料的特性与应力分布结合起来考虑，使结构设计更为合理。例如图 12-8 的滑动轴承的铸铁支架，通过比较（a）、（b）两图的受力和应力分布状况，可以看出采用图（b）的结构支架的拉应力小于压应力，符合材料特性。

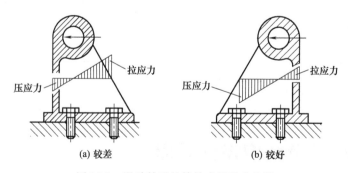

图 12-8　滑动轴承的铸铁支架受力比较

② 减少轴承盖的弯曲力矩　图 12-9 所示为一连杆的大头，如果轴承盖所受弯曲力矩大，则紧固螺栓设计时应使其螺栓轴线靠近轴瓦的会合处为宜。

③ 载荷向上时轴承座应倒置　剖分式径向滑动轴承主要是由滑动轴承的轴承座来承受

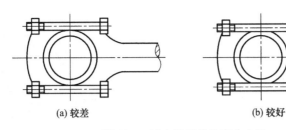

(a) 较差   (b) 较好

图 12-9 减少轴承盖的弯曲力矩

径向载荷的,而轴承盖一般是不承受载荷的,所以当载荷方向朝上时,为了使轴承盖不受载荷的作用,应采用图 12-10 的倒置方式,即轴承盖朝下。

（3）受交变应力的轴承盖螺栓宜采用柔性螺栓

滑动轴承工作中,轴承盖连接螺栓受交变应力时,为使轴承盖连接牢固,提高螺栓承受交变应力的能力,可采用柔性螺栓。在螺栓长度满足轴承结构条件下,采用尽可能大的螺栓长度,或将双头螺栓的无螺纹部分的直径大约等于螺纹的内径,如图 12-11 所示。不宜采用短而粗的螺栓,因为这种螺栓承受交变应力的能力较差。

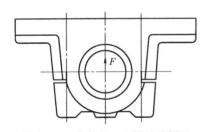

图 12-10 载荷向上、轴承盖倒置

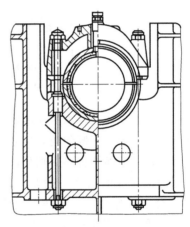

图 12-11 受交变应力的轴承盖螺栓的结构特点

（4）滑动接触部分必须是面接触

滑动接触部分如果是线接触,就会导致局部压强异常增大而成为强烈磨损和烧伤的原因,因此滑动接触部分必须是面接触。轴瓦止推端面的圆角必须比轴的过渡圆角大,并必须保持有平面接触,如图 12-12 所示。

（5）推力轴承与轴径应部分接触

非液体摩擦润滑推力轴承的外侧和中心部分滑动速度不同,磨损很不均匀,轴承中心部分润滑油难以进入,造成润滑条件劣化。为此,轴颈与轴承的止推面不宜全部接触,在轴颈或轴承的

图 12-12 滑动面接触

中心部分切出凹坑,不仅改善了润滑条件,也使磨损趋于均匀,如图 12-13 所示。

（6）提高支承的刚度

合理设计轴承支座的结构,用受拉、压代替受弯曲的情况,可提高支座的刚度,使支座受力更为合理。如图 12-14 所示支座采用三角支架形式,则支座刚性大、工作时稳定性好。

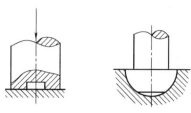

图 12-13　推力轴承与轴颈部分接触

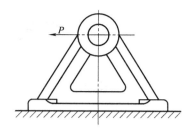

图 12-14　提高支承的刚度

（7）承受重载荷或温升较高的轴承，应使轴承座和轴瓦全面接触

通常，轴瓦与轴承座的接触面，在中间开槽或挖空以减小加工量，如图 12-15（a）所示。但是对承受重载荷的轴承，如果轴瓦薄，由于油膜压力的作用，在挖空的部分轴瓦向外变形，形成轴瓦"后让"，"后让"部分不构成支承载荷的面积，从而降低承载能力。

为了加强热量从轴瓦向轴承座上的传导，对温升较高的轴承也不应在两者之间存在不流动的空气包。在以上两种场合，都应使轴瓦具有必要的厚度和刚性并使轴瓦与轴承座全面接触，如图 12-15（b）所示。

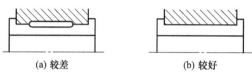

（a）较差　　　　　　　（b）较好

图 12-15　轴承座与轴瓦的接触设计

（8）自动调心滑动轴承的使用场合

轴颈在轴承中过于倾斜时，靠近轴承端部会出现轴颈与轴瓦的边缘接触，使轴早期损坏。对于铸铁之类脆性材料的轴瓦，边缘接触特别有害。

消除边缘接触的措施一般是采用自动调心轴承，如图 12-16（a）所示，轴瓦外支承表面呈球面，球面的中心恰好在轴线上，这种结构承载能力高。轴瓦外支承表面为窄环形突起，靠突起的较低刚度也可达到调心目的，如图 12-16（b）所示；依靠柔性的膜板式轴承壳体［图 12-16（c）］，和采用降低轴承边缘刚度的办法［图 12-16（d）］，也能达到部分调心目的。

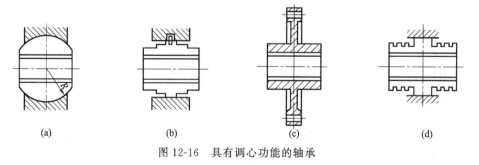

（a）　　　　　　（b）　　　　　　（c）　　　　　　（d）

图 12-16　具有调心功能的轴承

12.3.2　考虑滑动轴承固定的结构设计要点

（1）轴瓦和轴承座不允许有相对移动

轴瓦装入轴承座中，应保证在工作时轴瓦与轴承座不得有任何相对的轴向和周向移动。

滑动轴承可以承受一定的轴向力，但轴瓦应有凸缘。单方向受轴向力的轴承的轴瓦，至少应在一端设计成凸缘，如图 12-17（a）所示；如果双方向受轴向力，则应在轴瓦的两端做出凸缘来作为轴向定位，如图 12-17（b）所示。无凸缘的轴瓦不能承受轴向力。

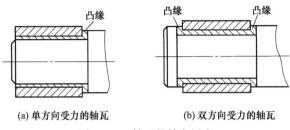

(a) 单方向受力的轴瓦　　　(b) 双方向受力的轴瓦

图 12-17　轴瓦的轴向固定

为防止轴瓦的转动，滑动轴承的轴瓦周向也应做相应固定。为了使轴不移动就能较方便地从轴的下面取出轴瓦，应将防止转动的固定元件（紧定螺钉或销钉）安装在轴承盖上。防止轴瓦转动的方法一般有如图 12-18 所示的三种。

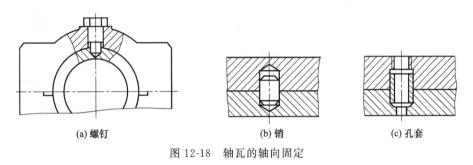

(a) 螺钉　　　　　　　(b) 销　　　　　　　(c) 孔套

图 12-18　轴瓦的轴向固定

（2）凸缘轴承的定位

凸缘轴承的特征是具有凸缘，安装时要利用凸缘表面定位，所以凸缘轴承应有定位基准面，如图 12-19 中尺寸 D 的尺寸边界线所对应的两个面。

12.3.3　考虑滑动轴承装拆的结构设计要点

（1）轴瓦或衬套的装拆

整体式轴瓦或圆筒衬套只能从轴向安装、拆卸，所以要使其有能装拆的轴向空间，并考虑卸下的方法。图 12-20（a）、（b）中所示的结构，轴瓦或衬套无法进行安装或拆卸；图 12-20（c）、（d）所示为轴瓦或衬套的合理结构。

（2）避免错误安装

错误安装对装配者而言是应该尽量避免的，但设计者也应考虑到万一错误安装时，不至于引起重大损失，并采取适当措施。如图 12-21（a）所示，

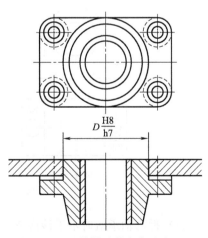

$D\dfrac{\text{H8}}{\text{h7}}$

图 12-19　凸缘轴承的定位基准面

安装时如反转 180° 装上轴瓦，则油孔将不通，造成事故；如在对称位置再开一油孔［图 12-21（b）］，或再加一油槽［图 12-21（c）］，则可避免由错误安装引起的事故。

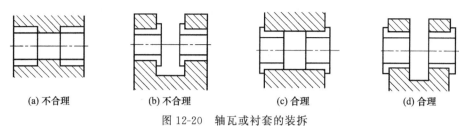

| (a) 不合理 | (b) 不合理 | (c) 合理 | (d) 合理 |

图 12-20　轴瓦或衬套的装拆

又如为避免如图 12-22（a）所示上、下轴瓦装错，引起润滑故障，可将油孔与定位销设计成不同直径，如图 12-22（b）所示。

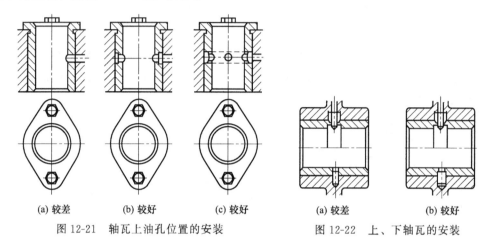

| (a) 较差 | (b) 较好 | (c) 较好 | | (a) 较差 | (b) 较好 |

图 12-21　轴瓦上油孔位置的安装　　　　　图 12-22　上、下轴瓦的安装

图 12-23（a）所示的轴承座固定采用非旋转对称结构，设计时应避免轴承座由于前后位置颠倒，而使轴承座孔轴线与轴的轴线的偏差增大；可采用如图 12-23（b）、（c）所示的结构，将两定位销布置在同一侧，或使两定位销到螺栓的距离不等，即可避免上述错误的产生。

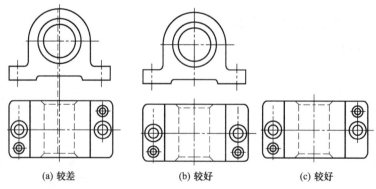

| (a) 较差 | (b) 较好 | (c) 较好 |

图 12-23　避免轴承座前后位置颠倒

（3）拆卸轴承盖时不干涉底座

零件装拆时应尽可能不涉及其他零件，这样可避免许多安装中的重复调整工作。如图 12-24（a）所示，用同一个螺栓将轴承底座和轴承盖同时固定，是不合理的结构。如图 12-24（b）所示，轴承底座和轴承盖分别固定，拆轴承盖时则不涉及底座，减少了底座的调整工作。

12.3.4 考虑滑动轴承间隙调整的结构 设计要点

（1）磨损间隙的调整

滑动轴承在工作中发生磨损是不可避免的，为了保持适当的轴承间隙，要根据磨损量对轴承间隙进行相应调整。

磨损量不是在整个圆周方向上都相同，而是有显著的方向性，需要考虑针对此方向的易于调整的措施或结构。

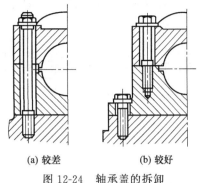

(a) 较差　　(b) 较好

图 12-24 轴承盖的拆卸

部分轴瓦在剖分面间加调整垫片 [图 12-25 （a）]，三块或四块瓦块组成可调间隙轴承 [图 12-25 （b）]，带锥形表面轴套的轴承 [图 12-25 （c）]，都是可供考虑的结构。

对于结构上不可调整间隙的轴承，如果达到极限磨损量就要更换新的轴瓦。

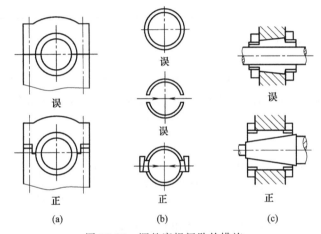

误　　　误　　　误

正　　　正　　　正

(a)　　　(b)　　　(c)

图 12-25 调整磨损间歇的措施

（2）确保合理的运转间隙

滑动轴承依据使用目的和不同的工作条件需要合适的间隙。轴承间隙因轴承材质、轴瓦装配条件、运转引起的温度变化及其他因素的不同而发生变化，所以事先要对这些因素进行预测，然后合理选择间隙。工作温度较高时，需要考虑轴颈热膨胀时的附加间隙，如图 12-26 （a）所示。尼龙等非金属材料轴瓦，由于导热系数低、易膨胀，也需要考虑附加间隙。对轴承衬套用过盈配合装入轴承的情况，由于存在过盈装配，安装后衬套内径比装配前的尺寸缩小，这一点不可忽视，如图 12-26 （b）所示。

（3）曲轴支承的胀缩问题

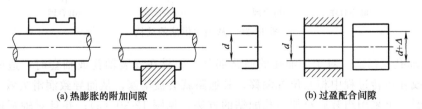

(a) 热膨胀的附加间隙　　　　(b) 过盈配合间隙

图 12-26 轴承的运转间隙

曲轴支承多采用剖分式滑动轴承，

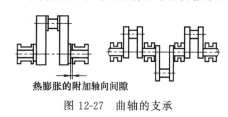

热膨胀的附加轴向间隙

图 12-27　曲轴的支承

如果轴承的轴向间隙很小或未留间隙，热膨胀后容易卡死。由于曲轴的结构特点，为保证发热后轴能自由胀缩，只需在一个轴承处限定位置，其他几个轴承的轴向均留有间隙，如图 12-27 所示。

12.3.5　考虑滑动轴承润滑的结构设计要点

（1）滑动轴承的润滑方法的选择（表 12-3）

表 12-3　滑动轴承润滑方法的选择

K	润滑方法	K 值计算方式	说明
≤2 >2～15 >15～30 >30	用润滑脂润滑（可用黄油杯） 用润滑油润滑（可用针阀油杯等） 用油环、飞溅润滑，需用水或循环油冷却 必须用循环压力油润滑	$K=\sqrt{pv^3}$ $p=\dfrac{F}{d\times B}$	p——轴颈上平均压强,MPa v——轴颈的圆周速度,m/s F——轴承所受的最大径向载荷,N d——轴颈直径,mm B——轴承工作宽度,mm

（2）滑动轴承的润滑结构设计要点

① 油孔

a. 润滑油应从非承载区引入轴承。滑动轴承的进油孔应开在非承载区，因为承载区的压力很大，显然压力很低的润滑油是不可能进入轴承间隙中的，反而会从轴承中被挤出。当载荷方向不变时，进油孔应开在最大间隙处。若轴在工作中的位置不能预先确定，习惯上可把进油孔开在与载荷作用线成 45°角之处，如图 12-28（a）所示。对剖分轴瓦，进油孔也可开在接合面处，如图 12-28（b）所示。

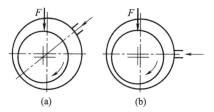

(a)　　　　(b)

图 12-28　润滑油从非承载区引入轴承

当因结构需要从轴中供油时，若油孔出口在轴表面上，则轴每转一转，油孔通过高压区一次，轴承周期性地进油，油路易发生脉动，因此最好作出 3 个油孔，见图 12-29（b）。

若轴不转、轴承旋转、外载荷方向不变时，进油孔应从非承载区由轴中小孔引入，见图 12-29（d）。

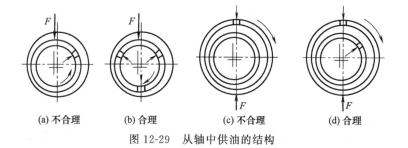

(a) 不合理　　　(b) 合理　　　(c) 不合理　　　(d) 合理

图 12-29　从轴中供油的结构

b. 加油孔要畅通。对于加油孔的通路部分，如果在安装轴瓦或轴套时，造成其相对位置偏移，或在运转过程中相互位置偏移，其通路就会被堵塞，从而导致润滑失效。为使加油孔保持畅通，可采用组装后对加油孔配钻的方法，见图 12-30（a）；并且对轴瓦增设止动螺钉，见图 12-30（b）。

对于组装前单独加工了孔的轴瓦或轴套，或者在更换备件等场合，其位置不一定能与相配合的孔对准，此时需要根据加工和组装的偏差程度，预先考虑不使其发生故障。如图12-31所示的结构中，在轴瓦外圆进油孔处加工出环状储油槽，则在装配轴瓦时不须严格辨别方向，使装配简单，更有效防止油孔堵塞。

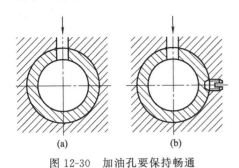 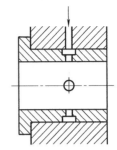

图 12-30　加油孔要保持畅通　　　　　　　图 12-31　加工储油槽使装配简单

② 油沟

a. 轴承应开设油沟，使润滑油能顺利地进入摩擦表面。为使润滑油顺利进入轴承全部摩擦表面，要开油沟使油、脂能沿轴承的周向和轴向得到适当的分配。

若只开油孔，如图 12-32（a）所示，润滑较差。油沟通常有半环形油沟［图 12-32（b）］、纵向油沟［图 12-32（c）］、组合式油沟［图 12-32（d）］、螺旋槽式油沟［图 12-32（e）］，其中组合式和螺旋槽式油沟可使油在圆周方向和轴向方向都能得到较好的分配。对于转速较高、载荷方向不变的轴承，可以采用宽槽油沟，如图 12-32（f）所示，有利于增加流量和加强散热。油沟在轴向方向都不应开通。

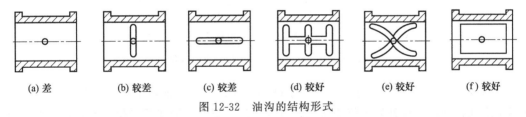

(a) 差　　　(b) 较差　　　(c) 较差　　　(d) 较好　　　(e) 较好　　　(f) 较好

图 12-32　油沟的结构形式

b. 液体动压润滑轴承油沟应开在非承载区。对液体动压润滑轴承，不允许将油沟开在承载区，因为这会破坏油膜并使承载能力下降，如图12-33所示。对非液体摩擦润滑轴承，应使油沟尽量延伸到最大压力区附近，这对承载能力影响不大，却能在摩擦表面起到良好的贮油和分配油的作用。

用于分配润滑脂的油沟要比用于分配稀油的油沟宽些，因为这种油沟还要求具有贮存干油的作用。

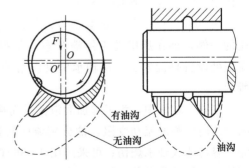

图 12-33　不正确的油沟布置降低油膜承载力

c. 剖分轴瓦的接缝处宜开油沟。在上、下两轴瓦组成的剖分式轴承中，通常在两侧接缝处开有不太深的油沟或油腔（图 12-34），这样可以消除轴瓦接缝处向里弯曲变形对轴承工作的有害影响，同时可以将磨屑等杂质积存在油沟中，以减少发生擦伤的危险。要注意接

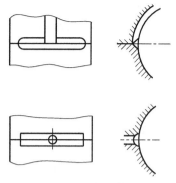

图 12-34　剖分轴瓦
接缝处宜开设油槽

缝处的油沟也不宜开得太宽，有的也可以做成一个倒角，以免对承载油膜产生不良的作用。

（3）油路要顺畅

① 防止出现切断油膜的锐边或棱角　为使油顺畅地流入润滑面，轴瓦油槽、剖分面处不要出现锐边或棱角，如图12-35（a）所示，因为尖锐的边缘会使轴承中油膜被切断，并有刮伤的作用。因此，轴瓦油槽、剖分面处要尽量作成平滑圆角，如图 12-35（b）、（c）所示。轴瓦剖分面的接缝处，相互之间多少会产生一些错位［图 12-35（d）］，错位部分要做成圆角［图 12-35（e）］或不大的油腔［图 12-35（f）］。

在轴瓦剖分面处加调整垫片时［图 12-35（g）］，要使垫片后退少许［图 12-35（h）］。

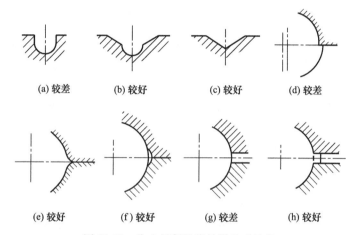

(a) 较差　　(b) 较好　　(c) 较好　　(d) 较差

(e) 较好　　(f) 较好　　(g) 较差　　(h) 较好

图 12-35　防止切断油膜的锐边或棱角

② 不要形成润滑油的不流动区　对于循环供油，要注意油流的畅通。如果油存在着流到尽头之处，则油在该处处于停滞状态，以致热油聚集并逐渐变质劣化，不能起到正常的润滑作用，容易造成轴承的烧伤。

图 12-36（a）所示轴承端盖是封闭的或轴与轴承端部被闷死，则油不流向端盖或闷死的一侧，油在那里处于停滞状态，使得不能正常润滑，甚至产生烧伤等事故。如果在端盖处设置排油通道，从轴承中央供给的油才能在轴承全宽上正常流动，如图12-36（b）所示。

在同一轴承中，为了增加润滑油量而从两个相邻的油孔处给油，如图 12-36（c）所示，润滑油向内侧的流动受阻，油分别流向较近的出口，不流向中间部分，使中间部分油流停滞，容易造成轴承烧伤；可采用图 12-36（d）所示结构，在轴承中部空腔处开泄油孔；也可使油由轴承非承载区的空腔中引入，如图 12-36（e）所示。

③ 油的供给要顺应离心力方向　在同样转速下的旋转轴上，大直径段的离心力大于小直径段的离心力，因此，润滑油路的设计，如果采用图 12-37（a）所示的形式，即逆着离心力方向注油，油不易注入。因此，应采用图 12-37（b）所示的方式，从小直径段进油，再向大直径段出油，油容易顺由小离心力向大离心力方向流动，从而可保证润滑的正常供油。

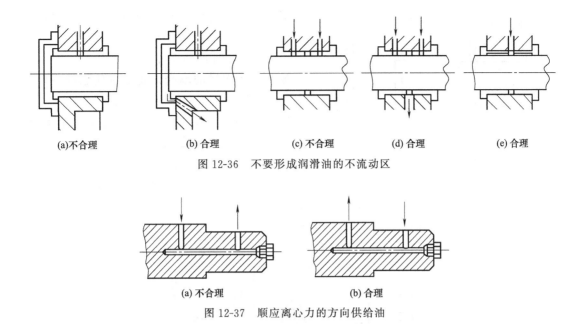

图 12-36 不要形成润滑油的不流动区

图 12-37 顺应离心力的方向供给油

④ 曲轴的润滑油路 内燃机主轴承中的机油必须通过曲轴的润滑油路才能到达连杆轴承。曲轴的润滑油路可用不同的方式构成,主轴承中的机油通过曲轴内的油孔直接送到连杆轴承的油路称为直接内油路。图 12-38 所示的斜油道是直接内油路的一种形式。

图 12-38(a)所示由于油路相对于轴承摩擦面是倾斜的,机油中的杂质受离心力作用总是冲向轴承的一边,造成曲柄销轴向不均匀磨损。另外,油孔越斜应力集中越大,斜油道加工也很不方便,穿过曲柄臂时若位置不正确,便会削弱曲柄臂过渡圆角。可将斜油道设计成如图 12-38(b)所示的结构形式,使油孔离开曲柄平面,离心力将机油中的固体杂质甩出并附在斜油道上部,斜油道上部用作机械杂质的收集器,这样连杆轴承就能得到清洁的润滑油。

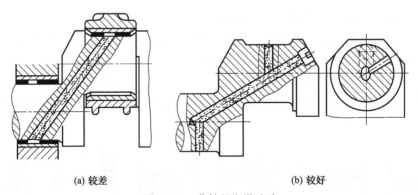

图 12-38 曲轴的润滑油路

(4)全环油槽应开在轴承两端

为了加大供油量和加强散热,有时在轴承中切有环形油槽,这会破坏轴承油膜,使承载能力降低。如果将全环油槽开设在轴承的一端或两端,则油膜的承载能力可降低得较少些,如图 12-39(a)所示。

比较好的方法是在非承载区切出半环形的宽槽油沟,既有利于增加流量又不降低承载能

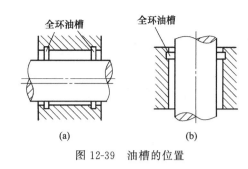

图 12-39　油槽的位置

力。对于竖直放置的轴承，全环油槽宜开设在轴的上端，如图 12-39 （b）所示。

（5）要使油环给油充分可靠

使用油环润滑的场合，要尽量使悬挂在轴上的油环容易转动，否则给油就不充分。

转动油环的力是与轴接触面之间的摩擦力，妨碍转动的力是侧面之间的摩擦力。因此，对油环要选择宽度方向大而厚度方向小的截面尺寸，以增加与轴的接触面积，如图 12-40 （b）所示。

油环应做得重些（钢或铜合金），以保证滑动很小。根据试验，在油环内表面开若干条纵向槽时，润滑效果最为良好，如图 12-40 （c）所示。

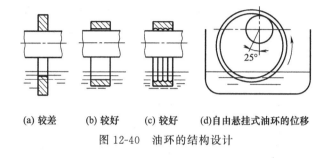

(a) 较差　　　(b) 较好　　　(c) 较好　　　(d)自由悬挂式油环的位移

图 12-40　油环的结构设计

自由悬挂在轴上的油环工作时，轴心和油环中心的连接线要偏移 20°～25°，如图 12-40 （d）所示，这点在设计轴承壳和轴瓦时，必须加以考虑。

当轴承的上部承受载荷时，不宜用油环润滑，因为这时必须在轴瓦受载荷的部位开槽。轴作摆动运动时也不宜采用油环润滑。

12.3.6　轴瓦、 轴承衬结构设计要点

（1）要使双金属轴承中两种金属贴附牢靠

为了提高轴承的减摩、耐磨和跑合性能，常应用轴承合金、青铜或其他减摩材料覆盖在铸铁、钢或青铜轴瓦的内表面上以制成双金属轴承。

双金属轴承中两种金属必须贴附得牢靠、不会松脱，这就必须考虑在底瓦内表面制出各种形式的榫头或沟槽，以增加贴附性，沟槽的深度以不过分削弱底瓦的强度为原则，如图 12-41 所示。

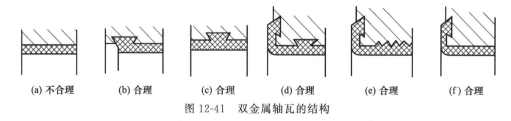

(a) 不合理　　(b) 合理　　(c) 合理　　(d) 合理　　(e) 合理　　(f) 合理

图 12-41　双金属轴瓦的结构

（2）白合金轴承衬宜用结构钢或青铜轴瓦

白合金与碳的黏结强度很差。结构钢中含碳量一般不大于 0.045%，与白合金轴瓦连接较牢固。青铜中含碳极少，连接最牢固，而且由于青铜是一种很好的耐磨材料，在白合金磨

损以后，青铜轴瓦可以起安全作用。

（3）设计塑料轴承时不能按金属轴承处理

塑料轴承的导热性差、线膨胀系数大、吸油吸水后体积会膨胀，故应充分注意轴承的润滑和散热。建议塑料轴承间隙应取得尽可能大一些，壁厚在允许范围内做成最薄，轴承宽径比 B/d 也应小一些。如果必须采用宽轴承时，则建议将轴瓦分成两段，如图 12-42 所示。

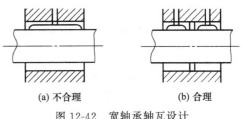

(a) 不合理   (b) 合理

图 12-42 宽轴承轴瓦设计

塑料的抗弯强度低，塑料轴瓦与轴承座接触应全部密贴而不要中间有空隙，如图 12-43 所示。

考虑塑料弹性大，轴瓦应尽量壁厚均匀相等，中间不要有凸出部分，如图 12-44 所示。

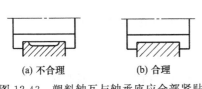

(a) 不合理   (b) 合理

图 12-43 塑料轴瓦与轴承座应全部紧贴

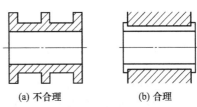

(a) 不合理   (b) 合理

图 12-44 塑料轴瓦壁厚应均匀相等

（4）滑动轴承不宜和密封圈组合

滑动轴承在工作中会产生磨损，如果磨损了就会发生轴心的偏移。密封圈不适用于轴心偏移的地方，特别是动态移动的地方。

如果必须使用滑动轴承和密封组合，密封要采用即使轴心偏移也不致发生故障的其他密封方法，如图 12-45 所示；或使密封圈与滚动轴承相组合，如图 12-46 所示。

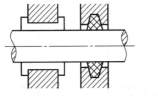

图 12-45 轴线偏移不会发生故障的密封

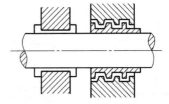

图 12-46 密封圈与滚动轴承组合

（5）在轴承盖或上半箱体提升过程中不要使轴瓦脱落

在一些大型机器中，提升轴承盖或上半箱体时，轴承上的轴瓦，由于油的渗入而贴在轴承盖或箱体上，最初常常是一起上升，在提升过程中轴瓦有脱落的危险。为防止轴瓦脱落，要将轴瓦用螺钉或其他装置固定在轴承盖或箱体上，如图 12-47 所示。

12.3.7 考虑滑动轴承磨损的结构设计要点

（1）防止发生阶梯磨损

相互滑动的同一面内如果存在着完全不相接触部分，则由于该部分未磨损而形成阶梯磨损。

图 12-48（a）所示结构中，轴颈工作表面在轴承内终止，这样会造成轴颈在磨合时将在较软的轴承合金层上磨出凸肩，它将妨碍润滑油从端部流出，从而引起过高的温度和造成轴承烧伤的危险。这种场合需要将较硬轴颈的宽度加长，使之等于或稍大于轴承的宽度，如图 12-48（b）所示。

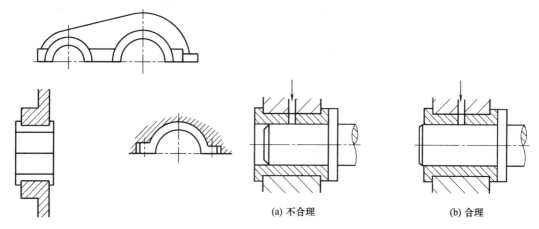

图 12-47　将轴瓦固定的措施　　　　　图 12-48　轴颈宽度应等于或大于轴承宽度

（2）轴颈表面不宜开设环形槽

图 12-49（a）所示的结构中，在轴颈上加工出一条位于轴承内部的环形油槽，会在磨合过程中形成一条棱肩，造成阶梯磨损。设计中，应尽量将油槽开在轴瓦上，如图 12-49（b）所示。

（3）重载低速青铜轴瓦圆周上的油槽位置应错开

对于青铜轴瓦等重载荷低速轴承的轴瓦，在位于圆周上油槽部分的轴颈也发生阶梯磨损，如图 12-50（a）所示；这种场合有时需要将上、下半油槽的位置错开，以消除不接触的地方，如图 12-50（b）所示。

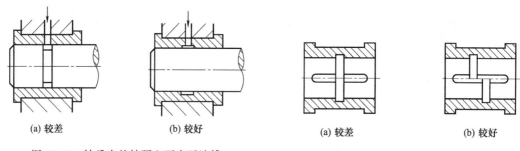

图 12-49　轴承内的轴颈上不宜开油槽　　　　图 12-50　上、下半油槽错开

（4）防止轴承侧面的阶梯磨损

轴的止推环外径小于轴承止推面外径时，也会造成较软的轴承合金层上出现阶梯磨损，如图 12-51（a）所示，应尽量避免；原则上其尺寸应使磨损多的一侧全面磨损，如图 12-51（b）所示。但是，在有的情况下，由于事实上不可避免双方都受磨损，最好是能够避免修配困难的一方（如轴的止推环）出现阶梯磨损，如图 12-51（c）所示。图 12-51（d）所示结构较为合理。

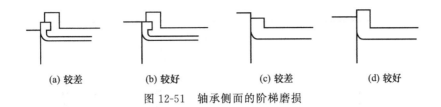

| (a) 较差 | (b) 较好 | (c) 较差 | (d) 较好 |

图 12-51　轴承侧面的阶梯磨损

12.4　滑动轴承材料选择要点

12.4.1　轴承材料要求及常用轴承材料

轴承的有效工作或失效，与载荷、速度、润滑油和轴承的几何参数的选择等有密切关系，但轴承材料的合理选用，对轴承能力的发挥起着决定性作用。

轴瓦和轴承衬的材料统称为轴承材料。针对上述失效形式，轴承材料性能应着重满足以下要求：

① 良好的减摩性、耐磨性和抗咬黏性。减摩性是指材料副具有低的摩擦系数。耐磨性是指材料的抗磨性能（通常以磨损率表示）。抗咬黏性是指材料的耐热性和抗黏附性。

② 良好的摩擦顺应性、嵌入性和磨合性。摩擦顺应性是指材料通过表层弹、塑性变形来补偿轴承滑动表面初始配合不良的能力。嵌入性是指材料容纳硬质颗粒嵌入，从而减轻轴承滑动表面发生刮伤或磨粒磨损的性能。磨合性是指轴瓦与轴颈表面经短期轻载运转后，易于形成相互匹配的表面形貌状态。

③ 足够的强度和抗腐蚀能力。

④ 良好的导热性、工艺性、经济性等。

应该指出，没有一种轴承材料能够全面具备上述性能，因而必须针对各种具体情况，仔细进行分析后合理选用。表 12-4 给出了滑动轴承材料的推荐应用范围。

表 12-4　滑动轴承材料的应用范围

应用范围	人造碳	塑料	多孔质烧结轴承	巴氏合金	轧制铝复合材料	铅青铜	铅锡青铜和锡青铜	铝合金	特种黄铜	铝青铜	工作状态
杠杆、铰链、拉杆		●					●	●	●	●	静载荷小、滑动速度低且为间歇性运动。不保养，一次润滑,有污物危害
精密加工技术器件(电气仪器、飞机附件等)	●		●	●		●					
端面轴承				●		●					静载荷很小，滑动速度由中到高，但是不变向。油润滑,且为压力润滑
凸轮轴轴承				●		●	●				
止动片				●		●	●				
涡轮机和涡轮驱动装置				●		●					
燃气轮机						●					
大型电机				●							
轧钢机、锻压机				●		●	●				静载荷中等，且有冲击。润滑速度低,油润滑
机车轴承、活塞式压缩机				●		●	●				
齿轮箱、压力扇形块轴承						●					

续表

应用范围	人造碳	塑料	多孔质烧结轴承	巴氏合金	轧制铝复合材料	铝青铜	铅锡青铜和锡青铜	铝合金	特种黄铜	铝青铜	工作状态
轧辊径轴承				●			●	●	●	●	载荷重,且有冲击,滑动速度低且有交变,有污物危害,缺少润滑
弹簧销轴承							●			●	
建筑机械和农业机械							●		●		
传动装置						●	●		●	●	
汽油机的主轴承和连杆轴承				●	●①		●①				动载荷中等,滑动速度由中到高,油润滑,有温升现象
柴油机					●①		●①				
大型柴油机				●							
制冷压缩机											
水泵							●				
轻金属壳体中的轴承								●			
活塞销轴套						●	●	●			动载荷重且有冲击,滑动速度低且有交变,二次油润滑,高温
反转杠杆轴套						●	●				
操纵装置							●				
液压泵						●			●		

① 有三元减摩层。

　　轴承的失效,首先表现在轴承材料的损坏,以及由此引起的相关零件的损坏。所以,减摩材料的合理选用、质量的保证以及减摩层与基本层的结合性能等,都是非常重要的。轴承材料要有很好的抗磨损、抗黏合、抗腐蚀、抗疲劳及污染等性能。要视轴承工作的具体情况选取轴承材料,对于承载启动、高速重载的轴承,应予以高度重视。表 12-5 给出常用轴承材料的工艺性能以供参考。

表 12-5　轴承材料的工艺性能

项目		铝基巴氏合金	锡基巴氏合金				镉合金	青铜		
			1	2	3	4		1	2	3
化学成分(质量分数)/%	Pb	75.8	2	max0.06	max0.06	max0.06		11	13	15
	Sn	6	80	80.5	89	87.5		8	5	2.5
	Cd	1		1.2		1	93.4			
	Cu	1.2	6	5.6	3.5	3.5		77.5	79.0	79.5
	Sb	15	12	12	7.5	7.5				
	Ni	0.5		0.3		0.2	1.6	3.5	3	3
	As	0.5		0.5		0.3				
硬度 HB/MPa	20℃	25.6	27.4	35.0	22.6	28.0	34.0	51.3	67.5	86.3
	50℃	21.0	23.2	27.9	17.0	23.2	28.9	49.1	65.8	80.3
	100℃	14.2	13.3	17.3	10.4	15.6	19.7	46.6	64.9	78.6
	150℃	8.1	7.3	9.7	—	9.1	11.5	44.5	62.6	76.9
应力与弹性模量	屈服强度 σ_s/MPa	28.4	61.8	84.4	46.1	65.7	78.5	84.4	120	163
	抗拉强度 σ_b/MPa	56.9	89.3	102	76.5	100.0	129	136	192	209
	伸长率 δ_3/%	1.2	3.0	1.5	11.2	8.4	17.0	6.4	6.4	2.1
	弹性模量 E/MPa	29900	55700	52500	56500	49500	54200	81500	84000	85100

应力与弹性模量	温度/℃	20	100	20	100	20	100	20	100	20	100	20	100	20	100	20	100	20	100
	挤压极限 $\sigma_{0.2}$/MPa	46.1	26.5	61.8	37.3	80.4	48.1	47.1	26.5	62.8	30.4	69.7	50.0	76.5	64.8	109	95.2	138	116
	抗拉强度 σ_{bc}/MPa	58.9	35.3	87.3	68.7	122	80.4	75.5	45.1	103	59.8	119	86.3	133	113	175	165	232	215

12.4.2 轴承材料选用要点

（1）轴瓦和轴宜用不同的材料

轴瓦材料不仅要求有一定的强度和刚度，而且需要较好的跑合性、减摩性和耐磨性。如果轴瓦和轴使用同质材料，相同材料的摩擦副最容易产生黏着胶合现象，导致摩擦副失效，从而造成事故。轴瓦材料应采用减摩性和耐磨性较好的材料如铸铁、青铜等。

（2）含油轴承不宜用于高速或连续旋转的场合

对于轴承的润滑，除了降低摩擦和减少磨损外，对轴承进行散热和冷却也是其主要目的之一。

含油轴承和其他的自润滑轴承所含润滑油仅是为了达到自身减摩降磨的目的，然而在高速或连续运转的场合，还应考虑摩擦热的散发和冷却滑动的需要。因此，含油轴承一般只宜用于平稳无冲击载荷及中低速度发热不大的场合。

（3）含油轴承并非完全不用供油

含油轴承是用不同金属粉末经压制、烧结而成的多孔质轴承材料。其孔隙度占总容积的15％～35％。在轴瓦的孔隙中可预先浸满润滑油，因而具有自润滑性。一般在速度较低、载荷较轻的场合可以在相当长的时间内不加润滑油仍能很好地工作。如果需要长时间连续工作，或为了提高含油轴承使用效果和延长使用寿命，仍建议附设供油装置，以定期补充润滑油。另外，当含油轴承使用一定时间后，也需要重新浸油。

12.5 特殊要求的轴承设计要点

（1）在高速轻载条件下使用的圆柱形轴瓦要防止失稳

圆柱形轴瓦在高速轻载的场合使用时容易失稳，使轴发生剧烈振动而失效，因此需要采取措施加以预防。

减小轴承面积、增大压强是最为简单易行的措施之一，如减小轴承的宽径比或尽量扩展油槽的宽度，使接触面积变窄以减小轴承面积，轴承压强增大以后则轴承偏心率增加，有利于消除不稳定现象。

增大轴承间隙有利于增加轴的稳定性，缺点是旋转精度降低，故不宜用于精密机械。实际使用中常通过提高供油温度的办法，使润滑油黏合度下降；或通过提高供油压力，以增加轴的稳定性。

对于重要的机器，由于不允许偏心率过大，则需要采用抗振性好的轴承。

（2）高速轻载条件下使用的轴承要选用抗振性好的轴承（图12-52）

对于高速旋转轴的轴承载荷非常小或接近零的场合，由于轴承偏心率很小，轴颈在外部微小干扰力的作用下而偏离平衡位置，油膜有可能出现不稳定状态，并引起半速涡动和油膜振荡，使轴发生强烈振动而导致轴承工作失稳。

为防止轴承工作失稳，需要选择抗振性能好的轴承。双油楔、多油楔和多油叶形状轴承或浮环轴承等的抗振性能都比普通圆形轴瓦好。

可倾瓦块轴承，轴瓦由3～5块扇形块组成，扇形块背面有球面形支承，轴瓦的倾斜度可随轴颈位置不同而自动调整，以适应不同的载荷、转速、轴的弹性变形和偏斜，是抗振性最好的轴承。

（3）重载大型机械的高速旋转轴的启动需要有高压顶轴系统的轴承

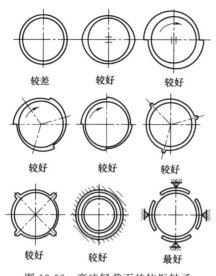

较差　　　　　较好　　　　　较好

较好　　　　　较好　　　　　较好

较好　　　　　较好　　　　　最好

图 12-52　高速轻载下的抗振轴承

重载大型机械的转子自重大，启动转矩非常大，在启动时也容易产生异常磨损和烧伤。在一些场合应用一种"高压顶轴系统"，由高压油使转子浮起，以解决启动瞬间轴与轴承金属摩擦带来的启动困难现象。

动静压轴承特别适用于要求带载启动而又要长期连续运行的场合。重载大型机械中的动静压轴承多有两套供油系统：一套高压小流量系统用于满载启动、制动或减速时轴承的润滑；一套低压大流量系统供正常工作时轴承的润滑。

（4）单向回转的可倾瓦动压滑动轴承支点的设计

可倾瓦动压滑动轴承由多个弧形瓦组成，当轴单向运转时，瓦可顺着轴颈的转向绕支点摆动，以形成由不同楔角的多个油楔支承运转的轴系。油楔的进出口处的油膜厚度之比 h_1/h_2 称为间隙比，它反映了楔角的大小，是影响可倾轴瓦承载能力的主要参数。在弧形瓦一定的弧长和瓦宽情况下，油楔的支点位置的改变会使间隙比变化，楔角也随之改变，使承载能力大小受到影响。液体动压润滑理论指出：为得到最大承载能力和最优间隙比，支点要偏于出口，而不是在几何中心，具体数据可从有关资料中查阅。当轴颈双向回转时，则只能采取折中方案，支点取在几何中心处。

如图 12-53 所示，从动大齿圈采用了 4 块可倾瓦组成径向滑动轴承支承，承受切向力 T 及径向力 R。图中可倾瓦支点 3 的位置根据液体动压润滑理论，在选定的弧形瓦长宽比情况下，由最大承载能力及最优间隙比决定，它靠近出口。

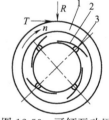

图 12-53　可倾瓦动压轴承支点设计
1—从动大齿圈；
2—可倾瓦动压轴承；
3—支点

第**13**章

滚动轴承结构设计

13.1 概述

　　滚动轴承是现代机器中广泛应用的部件之一，它是依靠主要元件间的滚动接触来支承转动零件的。滚动轴承绝大多数已经标准化，并由专业工厂大量制造及供应各种常用规格的轴承。滚动轴承具有启动所需力矩小、旋转精度高、选用方便等优点。

　　滚动轴承的基本结构如图 13-1 所示，它由内圈 1、外圈 2、滚动体 3 和保持架 4 等四部分组成。内圈用来和轴颈装配，外圈用来和轴承座孔装配。通常是内圈随轴颈回转，外圈固定，但也可用于外圈回转而内圈不动，或是内、外圈同时回转的场合。当内、外圈相对转动时，滚动体即在内、外圈的滚道间滚动。常用的滚动体如图 13-2 所示，有球、圆柱滚子、圆锥滚子、球面滚子、非对称球面滚子、滚针等几种。轴承内、外圈上的滚道，有限制滚动体沿轴向位移的作用。

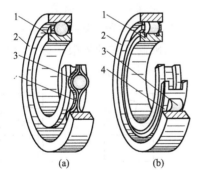

图 13-1　滚动轴承的基本结构

1—内圈；2—外圈；3—滚动体；4—保持架

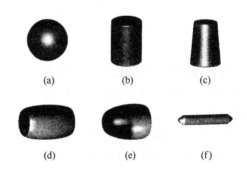

图 13-2　常用的滚动体

　　保持架的主要作用是均匀地隔开滚动体。如果没有保持架，则相邻滚动体转动时将会由于接触处产生较大的相对滑动速度而引起磨损。保持架有冲压的和实体的两种。冲压保持架一般用低碳钢板冲压制成，它与滚动体间有较大的间隙。实体保持架常用铜合金、铝合金或塑料等材料经切削加工制成，有较好的定心作用。

　　轴承的内、外圈和滚动体，一般是用高碳铬轴承钢（如 GCr15）或渗碳轴承钢（如G20Cr2Ni4A）制造的，热处理后硬度一般不低于 60HRC。由于一般轴承的这些元件都经过150℃的回火处理，所以通常当轴承的工作温度不高于 120℃时，元件的硬度不会下降。

　　当滚动体是圆柱滚子或滚针时，在某些情况下，可以没有内圈或外圈，这时的轴颈或轴承座就要起到内圈或外圈的作用，因而工作表面应具备相应的硬度和粗糙度。此外，还有一些轴承，除了以上四种基本零件外，还增加有其他特殊零件，如带密封盖或在外圈上加止动环等。

滚动轴承是由专业工厂大量生产的标准件，设计者按工作条件选择合适的标准型号，包括轴承类型、尺寸、精度、间隙等。还要正确设计轴承的组合结构，考虑滚动轴承的配合和装拆、定位和固定，轴承与相关零件的配合，轴承的润滑、密封和提高轴承支持系统的刚度等。

正确合理的支承结构设计对于延长轴承的寿命、提高轴承的精度和可靠性都有重要作用。

13.2　滚动轴承的类型选择要点

① 安装和拆卸比较频繁时，宜采用可分离型轴承，如图 13-3 所示。圆柱滚子轴承、圆锥滚子轴承、滚针轴承等属于内外圈可分离的轴承，具有安装拆卸方便的优点。因此，在装卸频繁或装卸困难的机器中，在满足支承工作性能的同时应尽可能优先采用可分离型的轴承。此外，还可使用带内锥或紧固套的轴承。

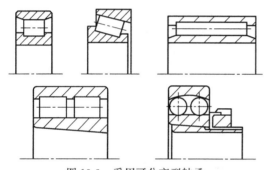

图 13-3　采用可分离型轴承

承受大的径向载荷，径向结构要求紧凑，低速是这种类型轴承的适用范围。

② 不宜用于高速旋转的滚动轴承如图 13-4 所示。滚针轴承的滚动体是直径小的长圆柱滚子，相对于轴的转速而言，滚子本身的转速高，无保持架的轴承滚子相互接触，摩擦大，且长而不受约束的滚子具有歪斜的倾向，因而限制了它的极限转速。滚针轴

调心滚子轴承适合于承受大的径向载荷或冲击载荷，还能承受一定程度的轴向载荷。但是，接触区的滑动比圆柱滚子轴承大，所以这类轴承也不适用于高速旋转。

圆锥滚子轴承在承受大的径向载荷的同时，还能承受较大的单向轴向载荷。由于滚子端面和内圈挡边之间呈滑动接触状态，且在高速运转条件下因离心力的影响使得施加充足的润滑油变得困难，因此它的极限转速一般只能达到中等水平。

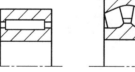

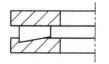

图 13-4　不宜高速转动的滚动轴承

推力球轴承在高速运转条件下工作时，因离心力大，钢球与滚道和保持架之间，摩擦和发热比较严重。推力滚子轴承，在滚动过程中，滚子内、外尾端会出现滑动。因此，推力轴承都不适用于高速旋转的场合。

其他类型的滚动轴承在内径相同的条件下，外径越小，则滚动体越轻，运动时加在

外圈滚道上的离心惯性力也越小，因而超轻、特轻及轻系列轴承更适于在高转速条件下工作。

③ 要求支承刚度高的轴，宜使用刚度高的轴承，如图 13-5 所示。要提高支承的刚度，首先应选用刚度高的轴承。一般滚子轴承（尤其是双列）的刚度比球轴承的刚度高。滚针轴承具有特别高的刚度，但由于容许转速不高，应用受到很大限制。圆柱滚子轴承和圆锥滚子轴承也具有很高的刚度，角接触球轴承的刚度虽然比上述轴承小，但与同尺寸的向心球轴承相比，仍具有较高的径向刚度。

图 13-5　刚性好的轴承

承受轴向力的推力轴承轴向刚度最高。其他类型的轴承的轴向刚度则取决于轴承接触角的大小，接触角大则轴向刚度高。圆锥滚子轴承的轴向刚度比角接触球轴承高。

④ 角接触轴承的不同排列方式对支承刚性的影响如图 13-6 所示。同样的轴承作不同排列，轴承组合的刚性将不同。一对角接触轴承（或圆锥滚子轴承）可以有正安装（X 型）和反安装（O 型）两种排列方案。

一对圆锥滚子轴承并列组合为一个支点时，反安装方案两轴承反力在轴上的作用点距离 B_2 较远，支承有较好的刚性和对轴的弯曲力矩具有较高的抵抗能力。正安装方案两轴承反力在轴上的作用点距离 B_1 较小，支承的刚性较小。如果估计到可能发生轴的弯曲或轴承的不对中，就应选用刚性较差的正安装方案。

一对角接触轴承分别处于两支点时应根据具体受力情况分析其刚性。当受力零件在悬伸端时，反安装方案刚性好；当受力零件在两轴承之间时，正安装方案刚性好。

⑤ 利用预紧方法提高角接触轴承的支承刚度，如图 13-7 所示。在成对使用的角接触轴承中，常利用预紧方法来提高

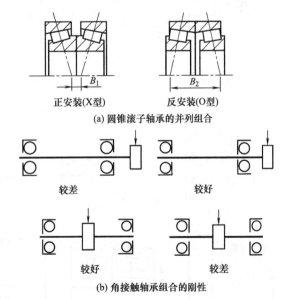

图 13-6　角接触轴承的排列方式对支承刚性的影响

轴承的支承刚度。轴承的预紧是指在安装时采取一定措施使轴承中的滚动体和内、外圈之间产生一定量的预变形，以保持内、外圈处于压紧状态。通过预紧可以提高轴承的刚度及精度，减小工作时的噪声和振动。

预紧获得的方法有：通过磨窄座圈控制预紧量；通过在座圈间加装垫片控制预紧量；通过改变座圈间的套筒长度控制预紧量等。

预紧量的大小要严格控制，因为预紧的作用会使轴承摩擦阻力增大，工作寿命

降低。

⑥ 角接触轴承同向串联安装，宜用于需要承受一个方向的极大轴向载荷的场合，如图 13-8 所示。一对角接触轴承同向串联安装为一个支点时，用于需要承受一个方向的极大轴向载荷的场合，特别是由于速度和空间地位的限制，不允许使用较大的轴承或较简单的安排时。对于异常大的轴向载荷也可以使用三个以上同向串联的组合。当一个方向的轴向载荷很大而另一个方向也存在一定的轴向载荷时，那就应该使用两个同向串联和另外一个单独的轴承组成反安装形式，称为"串联反安装"。如果两个方向的轴向载荷都很大，那么可以使用两对同向串联轴承组成反安装的形式。

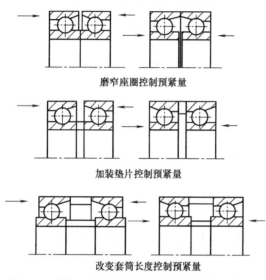

图 13-7 利用预紧方法提高角接触轴承的支承刚度

同向串联

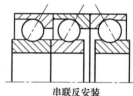

串联反安装

图 13-8 角接触轴承串联安装

⑦ 游轮、中间轮不宜用一个滚动轴承支承，如图 13-9 所示。游轮、中间轮等承载零件，尤其当为悬臂装置时，如采用一个滚动轴承支承，则球轴承内外圈的倾斜会引起零件的歪斜，在弯曲力矩的作用下会使形成角接触的球体产生很大的附加载荷，使轴承工作条件恶化并导致过早失效。正确的结构应采用两个滚动轴承支承。

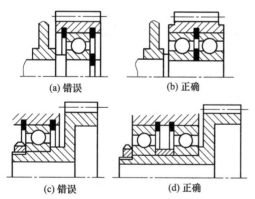

图 13-9 游轮、中间轮不宜用一个滚动轴承支承

⑧ 在两机座孔不同心或在受载后轴线发生挠曲变形条件下使用的轴，要选择具有调心性能的轴承，如图 13-10 所示。当两机座孔不同心或轴挠曲变形较大时，会使轴承内外圈倾斜角较大，此时应选用调心轴承。因为不具有调心性能的滚动轴承在内外圈的轴线发生相对偏斜的状态下工作时，滚动体将楔住而产生附加载荷，从而使轴承寿命缩短。

⑨ 设计等径轴多支点轴承时，要考虑中间轴承安装的困难，如图 13-11 所示。因为滚动轴承的尺寸是标准的，在长轴上安装几个滚动轴承时，里面的轴承安装非常困难，此时，要使用装有锥形紧定套的轴承，以使装拆无困难。

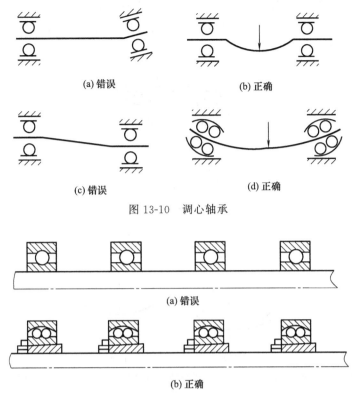

图 13-10 调心轴承

图 13-11 中间轴承的安装

⑩ 调心轴承应合理配置，如图 13-12 所示。当轴采用调心轴承和深沟球轴承支承时，由于轴和机座孔的加工和安装的同心度误差，轴在工作中发生的挠曲变形，使深沟球轴承内外圈中心线不可能保持重合，会产生一定的偏斜，造成滚动轴承内部接触应力分布不均，导致轴承寿命降低。圆柱滚子轴承对此种情况更加敏感。所以在刚性较差的轴的支承中，不宜采用上述轴承配置，而应使用成对调心轴承。

将普通的平面推力轴承与调心轴承配置在一个支承上也是不适宜的，因为要使推力轴承工作良好，滚动体承载均匀，轴就不允许歪斜，这就阻碍了自动调心的作用。如要求调心性能，将平面推力轴承改为带球面座垫的推力轴承是合理的，但球面座垫的球面中心必须与调心轴承的球面中心重合，否则也不能实现正常的自动调心。

⑪ 径向调心轴承和推力调心轴承组合时，两调心运动中心应重合，如图13-13所示。采用双列调心滚子（或球）

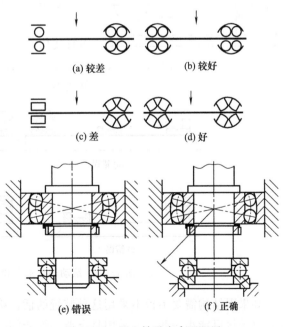

图 13-12 调心轴承应合理配置

轴承和推力调心滚子轴承分别承受径向力和轴向力的轴承组合，必须使两轴承的调心运动中心（外圈滚道的曲率中心）重合；如果不重合调心时运动相互干涉，既达不到调心定位的目的，轴承又容易损坏。

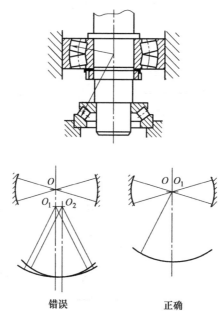

图 13-13　径向调心轴承和推力调心轴承组合时，两调心运动中心应重合

⑫ 带球面座垫的推力轴承，不宜用于轴摆动大的场合，如图 13-14 所示。带球面座垫的推力球轴承，可以补偿安装时存在的外壳配合面的角度误差；但是当轴在运转中因挠曲变形或其他误差产生的横向摆动大时，不宜靠它来进行调整，因为球面接触面的摩擦过大。

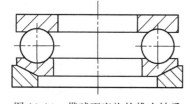

图 13-14　带球面座垫的推力轴承

⑬ 滚动轴承不宜和滑动轴承联合使用，如图 13-15 所示。一根轴上既采用滚动轴承又采用滑动轴承的联合结构不宜使用，这是因为滑动轴承的径向间隙和磨损比滚动轴承大许多，因而会导致滚动轴承过载和歪斜而滑动轴承又负载不足。

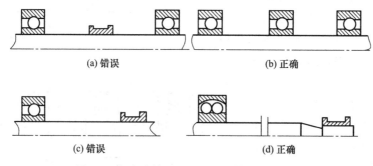

图 13-15　滚动轴承不宜和滑动轴承联合使用

如果因结构需要不得不采用这种装置的话，则滑动轴承应设计得尽可能距滚动轴承远一些，直径尽可能小一些；或采用具有调心性能的滚动轴承。

⑭ 用脂润滑的滚子轴承和防尘、密封轴承容易发热，如图 13-16 所示。由于滚子轴承在运转时搅动润滑脂的阻力大，如果高速连续长时间运转则温升高，发热大，润滑脂很快变质恶化而丧失作用。因此，用脂润滑的滚子轴承不适于高速连续运转，以限于低速或不连续使用为宜。

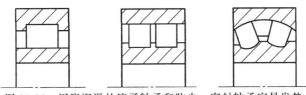

图 13-16　用脂润滑的滚子轴承和防尘、密封轴承容易发热

具有将润滑脂密封、组装后不需补充等性能的防尘密封轴承用于安装后不能补充润滑剂的场合很合适，并且能用于高速旋转，但由于是密封的，如果用在连续高速情况下则升温发热是不可避免的。

⑮ 要求紧凑的轴承可以采用特殊的结构。泵支座用滚动轴承，如图 13-17（a）所示；为使结构紧凑，采用轴套和滚珠结构，如图 13-17（b）所示。新结构尺寸较小，安装迅速，但是应该有一定的生产批量。

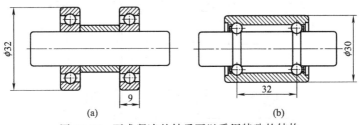

图 13-17　要求紧凑的轴承可以采用特殊的结构

13.3　考虑轴承组合的布置的结构设计要点

① 轴承组合要有利于载荷均匀分布，如图 13-18、图 13-19 所示。

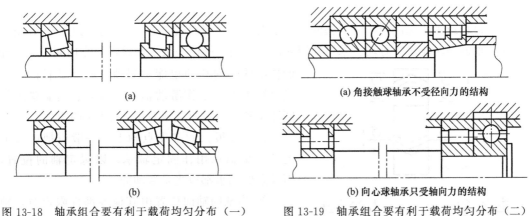

图 13-18　轴承组合要有利于载荷均匀分布（一）　　图 13-19　轴承组合要有利于载荷均匀分布（二）

同一支承处使用可调整和不可调整间隙的两种不同类型的轴承是不合适的，因为圆锥滚子轴承在装配时必须调整以得到最适宜的间隙，而向心轴承的间隙是不可调整的，因此有可

能由于径向间隙大而没有受到径向载荷的作用。合理的结构是将同一类型的两个圆锥滚子轴承组合为一个支承，而向心轴承安置在另一支承上。

若同一支承处需要使用两种类型的轴承时，角接触轴承可成对使用并自行相互调整间隙，其内圈或外圈可与轴颈或轴承座孔间留有间隙，则轴向载荷和径向载荷分别由两种类型的轴承承担。

如果径向力较大而轴向力不大时，可用圆柱滚子轴承承受径向力，用向心球轴承承受不大的轴向力，但其外圈与机座孔间应留有间隙，以保证只承受纯轴向力而不承受径向力。

② 轴承的固定要考虑温度变化时轴的膨胀或收缩的需要，如图 13-20 所示。由于工作温度的变化而引起轴的热膨胀或冷收缩，将使两端都固定的支承结构产生较大的附加轴向力而使轴承提前损坏，应避免发生这种情况。

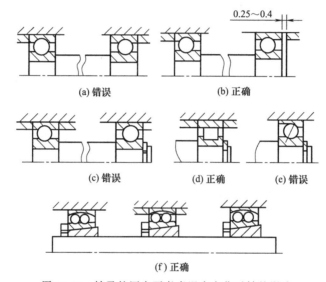

图 13-20 轴承的固定要考虑温度变化对轴的影响

普通工作温度下的短轴（跨距不大于 400mm）采用两端固定方式时，为了允许轴工作时有少量热膨胀，轴承安装应留有 0.25～0.4mm 的间隙，间隙量常用垫片或调整螺钉调节。

当轴较长或工作温度较高时，轴的伸缩量大，宜采用一端固定、一端游动的方式，由游动端保证轴伸缩时能自由游动。采用外圈或内圈无挡边的圆柱滚子轴承，依靠内圈相对于外圈作小的轴向移动也能达到轴向游动的目的。角接触轴承不适于作游动轴承，因为它们需要进行间隙调整，所以只能成对组合用作固定轴承。

在长度很大的多支点轴上，一般应把中段上的某一个轴承用作固定轴承，以限定轴的位置，而其余的轴承都应当是游动的。

③ 当轴的轴向位置由其他零部件限定时，轴的两个支承不应限制轴的轴向位移，如图 13-21 所示。在一些轴系中，如人字齿轮传动，当大齿轮轴的轴向固定由轴承限定后，小人字齿轮的轴向

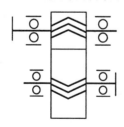

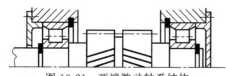

图 13-21 两端游动轴系结构

位置即由相互啮合的大人字齿轮的轮齿限定。为了补偿制造和安装误差、消除齿面不均匀磨损，轴应能在两个方向自由地轴向移动，以起到自动调位作用。因此，小人字齿轮轴的轴承不应再限制轴的轴向位移，轴系支承结构应采用两端游动形式。

④ 考虑内外挡圈的温度变化和热膨胀时，圆锥滚子轴承的组合如图 13-22 所示。对圆锥滚子轴承在选择正安装或反安装方案时，要考虑内外圈的温度变化和热膨胀的影响，为此，应根据外圈滚道延长线与轴承轴线的交点即外滚道锥尖 R 的位置来决定。

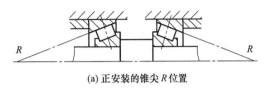

(a) 正安装的锥尖 R 位置

工作时，一般轴的温度高于机座孔的温度，轴的轴向和径向膨胀大于机座孔，这样在正安装（X 型）结构中就减小了预先调整好的间隙。

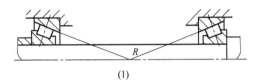

(1)

反安装（O 型）结构须分三种情况，如果两个外滚道锥尖 R 重合，则轴向和径向膨胀得到平衡而使预先调整的间隙保持不变；反之，轴向间距小时外滚道锥尖 R 交错，则径向膨胀比轴向膨胀对轴承间隙的影响大，这样间隙就会减小；第三种情况是当轴承间距大时，外滚道锥尖 R 不能相交，则径向膨胀比轴向膨胀对轴承间隙影响小，这样间隙就会增大。所以装配时对轴承可不留间隙甚至可以采用少量预过盈。

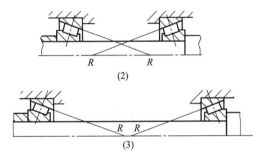

(2)

(3)

(b) 反安装的锥尖 R 位置

图 13-22 锥尖位置

⑤ 要求轴向定位精度高的轴，宜使用可调轴向间隙的轴承，如图 13-23 所示。对于轴向定位精度要求高的主轴，宜使用可调整的角接触轴承或推力轴承来固定轴的轴向位置，固定轴承应装置在靠近主轴前端的位置，另一端为游动端，热胀后，轴向后伸长，对轴向定位精度影响小，轴向刚度也高。

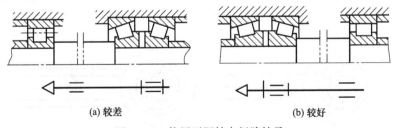

(a) 较差   (b) 较好

图 13-23 使用可调轴向间隙轴承

13.4 轴承座结构设计要点

① 轴承座受力方向宜指向支承底面，如图 13-24 所示。安装于机座上的轴承座，轴承受力方向应指向与机座连接的接合面，使支承牢固可靠。如果受力方向相反，则轴承座支承的强度和刚度会大大降低。

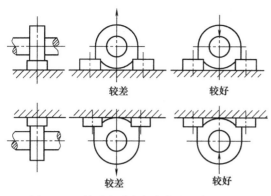

图 13-24　轴承座受力方向宜指向支承底面

在不得已用于受力方向相反的场合，要考虑设置即使万一损坏轴也不会飞出的保护措施。

② 轴承箱体形状和刚性对滚动体受力分布的影响如图 13-25 所示。在受重载荷时如采用薄壳带加强肋的箱体结构，由于无加强肋的部位刚性差，承受大载荷时即产生变形，成为虚线所示形状。有加强肋的部位承受的载荷量大，易引起早期损伤。所以载荷增大时也应当相应地增加箱体壁厚。

③ 一般轴承座各部分刚度应接近，如图 13-26 所示。圆锥滚子轴承箱体中支承部位靠近一侧时，壁厚较薄的部分易产生变形，使滚子大端承载小，而小端载荷反倒很大。所以应采用支承在中部的箱体结构较好。

图 13-25　轴承箱体形状和刚性对
滚动体受力分布的影响

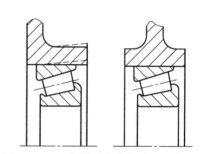

图 13-26　一般轴承座各部分刚度应接近

④ 轴承座厚度不可以太薄，两支点距离不可太近。由图 13-27（a）可知一个支点时轴承座壁厚不同对各滚动体受力影响很大，会导致轴承寿命变短；而两个支点距离适当时，轴承寿命较长。图 13-27（b）所示为按以上考虑设计的连杆结构。

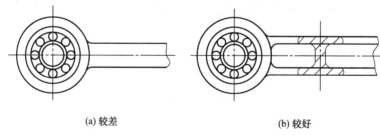

(a) 较差　　　　　　　　　　　(b) 较好

图 13-27　轴承座厚度不可以太薄，两支点距离不可太近

⑤ 定位轴肩圆角半径应小于轴承圆角半径（轴承内圈与轴），如图 13-28 所示。为了使轴承端面可靠地紧贴定位表面，轴肩的圆角半径必须小于轴承的圆角半径，如果由于减小轴肩的圆角半径，使轴的应力集中增大而影响到轴的强度，则可以采用凹切圆角或加装轴肩衬环，使轴肩圆角半径不致过小。

⑥ 定位轴肩圆角半径应小于轴承圆角半径（轴承外圈与孔），如图 13-29 所示。轴承外圈如靠轴承座孔的孔肩定位，孔肩圆角半径必须小于轴承外圈圆角半径。轴承的圆角半径尺寸可查轴承手册。

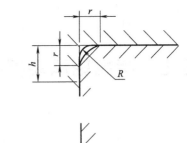

⑦ 不宜采用轴向紧固的方法来防止轴承配合表面的蠕动，如图 13-30 所示。承受旋转负载的轴承套圈应选过盈配合。如果承受旋转负荷的内圈选用带间隙配合的松配合时，负荷将迫使内圈绕轴蠕动。因为配合处有间隙存在，内圈的周长略比轴颈的周长大一些，因此，内圈的转速将比轴的转速略低一些，这就造成了内圈相对轴缓慢转动的现象，这种现象称之为蠕动。由于配合表面间缺乏润滑剂而呈摩擦或边界摩擦状态，当在重负荷作用下发生蠕动现象时，轴和内圈急剧磨损，引起发热，配合面间还可能引起相对滑动，使温度急剧升高，最后导致烧伤。

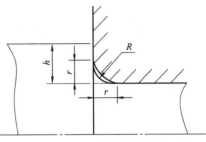

图 13-28 轴承内圈与轴

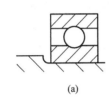
(a)
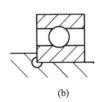
(b)
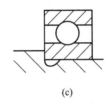
(c)
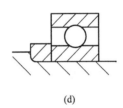
(d)

图 13-29 轴承外圈与孔

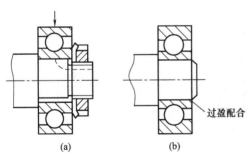

(a)　　(b)

过盈配合

图 13-30 不宜采用轴向紧固的方法
来防止轴承配合表面的蠕动

避免配合表面间发生蠕动现象的唯一方法是采用过盈配合。采用圆螺母将内圈端面压紧或其他轴向紧固方法不能防止蠕动现象，这是因为这些紧固方法并不能消除配合表面的间隙，它们只是用来防止轴承脱落的。

合理的轴承配合是保证轴承正常工作，使之不发生有害蠕动的必要条件。不同工作条件下轴承配合的选择可参见 GB/T 275—2015。

⑧ 锥齿轮轴应避免悬臂结构。图 13-31（a）中所示锥齿轮轴系结构比较简单，但每个轴的两个轴承都在齿轮的同一侧，成为悬臂结构，轴承和轴受力不合理，而且由于轴的变形大，使齿轮沿齿向接触长度较小，而且随载荷变化而变化，用于要求较低、载荷稳定的传

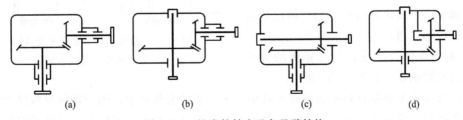

(a)　　　　(b)　　　　(c)　　　　(d)

图 13-31 锥齿轮轴应避免悬臂结构

动。图 13-31（b）、（c）所示为有一根轴为简支的结构，工作情况有所改善。图 13-31（b）所示结构应用最广。图 13-31（d）所示避免了悬臂结构，但布置有难度。

13.5　考虑轴承装拆的结构设计要点

① 内外圈不可分离的轴承在机座孔中的装拆应方便。一根轴上如果都使用两个内外圈

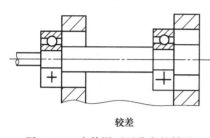

较差

图 13-32　内外圈不可分离的轴承
在机座孔中装拆要方便

不可分离的轴承，并且采用整体式机座时，应注意装拆要简易方便。如图 13-32 中所示，因为在安装时两个轴承要同时装入机座孔中，所以很不方便，如果依次装入机座孔就比较合理。

② 必须考虑轴承装拆，如图 13-33 所示。滚动轴承的安装和拆卸都要注意不使力作用于滚动体和内外圈管道面之间，目的是避免轴承损坏。从轴颈上拆卸轴承时要施力于内圈，从轴承座中取出轴承时则要施力于外圈。因此，轴承的定位轴肩或孔肩应有一个适

当的尺寸，它的高度既要提供足够的支承面积，又要不妨碍轴承的拆卸，一般情况下不应超过座圈厚度的 2/3～3/4；如不得不超过上述界限时，应在结构设计上采取措施，使得轴承能够拆卸，如开设供拆卸用的缺口、槽孔或螺孔等，有些特殊的结构不保证拆卸要求，则零件与轴承同时更换。

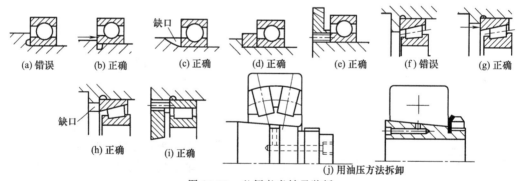

图 13-33　必须考虑轴承装拆

对于大型轴承拆卸是非常困难的，往往不能用一般的拆卸工具或压力法来进行拆卸，此时应考虑特殊的拆卸方法如借助油压方法拆卸，为此需要在轴上设置孔，从孔中输入压力油而把内孔扩张。在一些带紧定套的滚动轴承中，紧定套或推卸套中就已设有油孔可供输油之用。

③ 避免在轻合金或非金属箱体的轴承孔中直接安装轴承，如图 13-34 所示。

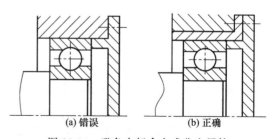

图 13-34　避免在轻合金或非金属箱
体的轴承孔中直接安装轴承

在轻合金或非金属材料箱体的轴承孔中，不宜直接安装轴承，因为箱体材料强度低，轴承在工作过程中容易产生松动。所以应加钢制衬套与轴承配合，不仅提高了轴承相配处的强

度，也提高轴承支承处的刚度。

13.6 考虑润滑的滚动轴承设计要点

① 按工作情况选择润滑方法。轴承油润滑的方法很多，但应注意使用条件和经济性，以期获得最佳效果。

油浴和飞溅润滑一般适用于低、中速的场合。油浴润滑的浸油不宜超过轴承最低滚动体中心，如图 13-35（a）所示，如果是立轴，油面只能稍稍触及保持架，否则搅油厉害，温度上升。利用旋转轴上装有齿轮或简单叶片等零件进行飞溅润滑时，齿轮宜靠近轴承，为防止过量的油进入轴承和磨屑、异物等进入轴承，最好采用密封轴承或在轴承一侧装有挡油板，如图 13-35（b）所示。循环润滑用于高速重载和需要排出相当多热量的场合，进油口和排油口应设计在轴承两侧，如图 13-35（c）所示，为使轴承箱内的油不致积存并有利于排出磨损微粒，排油口一定要比进油口大。利用轴承的非对称结构进行油循环是最简单的，如图 13-35（d）所示，如正安装或反安装的圆锥滚子轴承，从保持架较小直径的一侧输入油，由离心力的作用即可驱动油通过轴承。

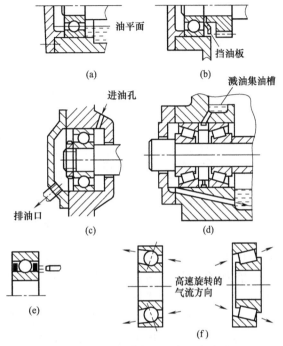

图 13-35　按工作情况选择润滑方法

喷油润滑用于高温、高速和重载等非常严酷的场合。在极高速时，由于滚动体和保持架也以相当高的速度转动，在轴承周围形成了较强气流，很难将油输送到轴承中去，这时必须用油泵将高压油喷射进去，喷嘴设置在轴承保持架和内圈间的间隙处润滑最为有效，如图 13-35（e）所示。深沟球轴承如承受有轴向力，则应以轴向力作用的方向喷入；如果使用角接触轴承在高速旋转时，从外圈锥孔大端即喷出强力气流，如图 13-35（f）所示，如果喷射油流与气流方向相反，润滑油就很难喷入轴承中，设计时应当考虑轴承箱内的气流方向。喷嘴的数量可以是一个、两个或三个，视供油量的大小而定。供油量太大时，轴承箱中会积存很多油，导致油温急剧上升而烧伤轴承，必须用油泵排出积油。

② 保证油流通畅，如图 13-36 所示。有些轴承的润滑是通过箱体的油槽或油孔再经轴承端盖（或套筒）上的孔将润滑油输入，由于油孔直径比较小，其位置在装配时不一定能对准箱体油孔，会造成油流不畅，影响润滑效果。要避免这种情况，应将端盖上相应部分开出环形油槽，进油小孔也可多加工至 2～4 个；或者可将端盖端部开出缺口，相应端部直径应取小些。

③ 避免填入过量的润滑脂，不要形成润滑脂流动的尽头，如图 13-37 所示。采用脂润滑的滚动轴承不需要特殊的成套设备，密封也最简单。

在低速、轻载或间歇工作的场合，在轴承箱和轴承空腹中一次性加入润滑脂后就可以连

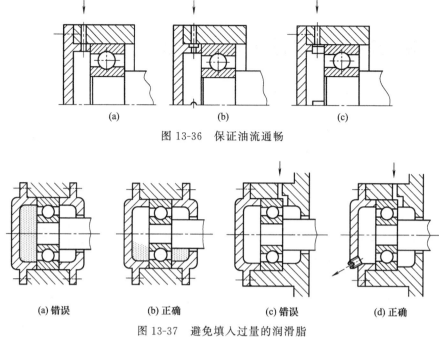

(a)　　　　　　　　　(b)　　　　　　　　　(c)

图 13-36　保证油流通畅

(a) 错误　　　(b) 正确　　　(c) 错误　　　(d) 正确

图 13-37　避免填入过量的润滑脂

续工作相当长时间而无需补充或更换新脂。一般用途的轴承箱，其内部宽度为轴承宽度的 1.5～2 倍为宜，而润滑脂的填入量以占其空间容积 1/3～1/2 为佳。若加脂太多，由于搅拌发热，会使脂变质恶化或软化而丧失作用。

在较高速度和较大载荷的情况下使用脂润滑，则需要有脂的输入和排出的通道，以便能定期补充新的润滑脂并排出旧脂，若轴承箱盖是封闭的，则进入这一部分的润滑脂就没有出口，新补充的脂就不能流到这一头，持续滞留的旧脂会恶化变质而丧失润滑性，所以一定要设置润滑脂的出口。在定期补充润滑脂时，应该先打开下部的放油塞，然后从上部打进新的润滑脂。

④ 用脂润滑的角接触轴承安装在立轴上时，要防止发生脂从下部脱离轴承的情况，如图 13-38 所示。安装在立轴上的角接触轴承，由于离心力和重力的作用会发生脂从下部脱离轴承的情况。对于这个情况，要安装一个与轴承的配合件构成一道窄隙的滞流圈来避免。

⑤ 用脂润滑时要避免油、脂混合，如图 13-39 所示。当轴承需要采用脂润滑，而轴上的传动件又采用油润滑时，如果油池中的热油进入轴承中，会造成油、脂混合，脂易被冲刷、熔化或变质，导致轴承润滑失效。

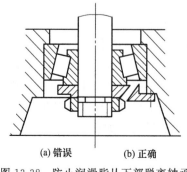

(a) 错误　　　(b) 正确

图 13-38　防止润滑脂从下部脱离轴承

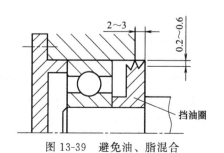

2～3

0.2～0.6

挡油圈

图 13-39　避免油、脂混合

为防止油进入轴承及脂流出，应在轴承靠油池一侧加置挡油圈，挡油圈随轴旋转，可将流入的油甩掉，挡油圈外径与轴承孔之间的间隙为 0.2～0.6mm。

13.7 钢丝滚道轴承设计要点

① 钢丝滚道轴承的钢丝要防止与机座有相对运动。钢丝滚道轴承作为大型回转支承普遍应用于军工、纺织、医疗器械及大型的回转的科学仪器中。它的特点是总体尺寸可以很大，但断面尺寸却极为紧凑，既能承受径向载荷，又能承受轴向载荷，还能承受倾翻力矩。它由四条经过淬火的合金钢丝、钢球和塑料保持器组成，四条钢丝分别嵌入在相对回转和相对固定的机座环形凹槽内形成滚道，分离的机座用螺钉锁紧，使钢丝和机座没有相对运动，它相当于普通滚动轴承的内外圈，四条钢丝内侧为经过研磨的圆弧滚道，装在塑料保持器内的钢球就在圆弧滚道内滚动，见图 13-40。装配需要控制锁紧螺钉的锁紧力，以避免钢丝滚道与机座在运转中有相对运动，否则会使机座和运动件凹槽磨损，间隙增大，轴承松弛，导致钢丝滚道轴承失效。但经过长时间使用，仍然可能有相对运动发生，针对此问题，可以在钢丝间隙处的机座和运动件的凹槽内插入固定销来防止钢丝滚道相对运动，以保证钢丝滚道轴承的正常工作。图 13-40（a）所示是没有采取防止钢丝滚道相对运动的措施，长期工作可能有相对运动，导致齿轮和机座凹槽磨损。图 13-40（b）所示是在齿轮和机座内插入固定挡销，防止钢丝滚道的相对运动。

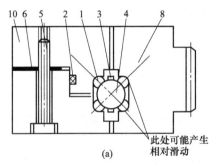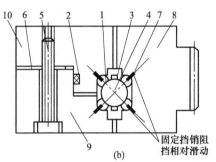

图 13-40 防止与机座有相对运动

1—钢丝滚道；2—密封；3—塑料保持器；4—钢球；5—锁紧螺钉；6—调整垫片；

7—固定挡销；8—齿轮；9—机座；10—压圈

② 钢丝滚道轴承的每条钢丝安装在机座中，两端不能接触，应留有热胀间隙，如图 13-41 所示。钢丝滚道轴承在运转过程中会升温，因而引起钢丝的热伸长，所以在装配过程中应磨短两端面，使其装配后留有热胀间隙，间隙大小与钢丝长度、型号和温升有关，一般取为钢丝直径的 1/3。

③ 钢丝滚道轴承的四条钢丝的接头间隙应相互错开安装。钢球滚动到钢丝接头间隙处，尽管间隙很微小，也必然会影响到钢丝滚道轴承的平稳运转，所以在装配时，应将四条钢丝的接头间隙在圆周方向相互错开 90° 进行安装，如图 13-41 所示。

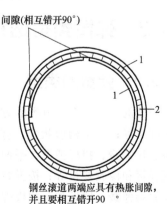

钢丝滚道两端应具有热胀间隙，并且要相互错开90°。

图 13-41 需留热胀间隙

1—钢丝滚道；2—钢球

第 **14** 章

弹簧结构设计

14.1 概述

弹簧是一种常见的机械零件，几乎所有的工业产品，例如飞机、火车、汽车等运输工具，电器设备、仪器仪表、动力机械、工具机械、农业机械，甚至小至钟表、门锁或自动伞等日常家庭用品也都离不开弹簧。弹簧外形虽然简单，但是在机械中却起着非常重要的作用，如果一个弹簧损坏，机械的某个部分以至整台机械设备都会失效或停止运转，因此愈来愈多地引起人们的重视。目前世界各国对于弹簧的设计、选材、制造、热处理和检验都已有了严格的标准和准则。

弹簧的作用，总的讲就是利用材料的弹性和弹簧结构的特点，使它在产生或恢复变形时，能够把机械功或动能转变为变形能，或把变形能转变为机械功或动能。正是由于这种特性，弹簧可用于机械产品的减震或缓冲、控制运动、贮存能量、测量力和扭矩，并可作为机械的动力。弹簧在机械工程中应用极广，主要用于如下几个方面：

① 用来施加力，为机构的构件提供约束力，以消除间隙对运动精度的影响，例如凸轮机构中可以用弹簧保持从动件紧贴凸轮。

② 储存或吸收能量，用作发动机。其能量借助于预先绕紧而积蓄在弹簧中，例如钟表发条。

③ 吸收冲击能，隔离振动。主要用于运输机械（汽车、铁路车辆等）、仪器以及机器的隔振基础等。

④ 提供弹性，根据弹性元件的弹性变形来测量力，例如用于测量仪器中。

14.2 弹簧类型选择要点

14.2.1 弹簧的类型

弹簧的种类很多，分类的方法也很多。按承受的载荷类型分，有拉压弹簧、扭转弹簧和弯曲弹簧等；按结构形状分，有圆柱螺旋弹簧、非圆柱螺旋弹簧、板弹簧、碟形弹簧、环形弹簧、片弹簧、扭杆弹簧、平面涡卷弹簧和恒力弹簧等；按材料分，有金属弹簧、非金属的空气弹簧和橡胶弹簧等；按弹簧材料产生的应力类型分，有产生弯曲应力的螺旋扭转弹簧、平面涡卷弹簧、碟形弹簧和板弹簧，产生扭应力的螺旋拉压弹簧和扭杆弹簧，产生拉压应力的环形弹簧等。常用弹簧的类型及其特性如表 14-1 所示。

表 14-1　常用弹簧的类型与特性

类型	名称	简　图	特　性　线	性　能
圆柱螺旋弹簧	圆形截面圆柱螺旋压缩弹簧			特性线呈线性,刚度稳定,结构简单,制造方便,应用较广,在机械设备中多用于缓冲、减振以及储能和控制运动等
	矩形截面圆柱螺旋压缩弹簧			在同样的空间条件下,矩形截面圆柱螺旋压缩弹簧比圆形截面圆柱螺旋压缩弹簧的刚度大,吸收能量多,特性线更接近于直线,刚度更接近于常数
	扁形截面圆柱螺旋压缩弹簧			与圆形截面圆柱螺旋压缩弹簧相比,储存能量更大,压并高度更低,压缩量更大,因此被广泛用于发动机阀门机构、离合器和自动变速器等安装空间比较小的装置上
	不等节距圆柱螺旋压缩弹簧			当载荷增大到一定程度后,随着载荷的增大,弹簧从小节距开始依次逐渐并紧,刚度逐渐增大,特性线由线性变为渐增型。因此其自振频率为变值,有较好的消除或缓和共振的影响,多用于高速变载机构
	多股圆柱螺旋弹簧			材料为用细钢丝拧成的钢丝绳。在未受载荷时,钢丝绳各根钢丝之间的接触比较松,当外载荷达到一定程度时,接触紧起来,这时弹簧刚性增大,因此多股螺旋弹簧的特性线有折点。比相同截面材料的普通圆柱螺旋弹簧强度高,减振作用大。

类型	名称	简　图	特　性　线	性　能
圆柱螺旋弹簧	圆柱螺旋拉伸弹簧			性能和特点与圆形截面圆柱螺旋压缩弹簧相同,主要用于受拉伸载荷的场合,如联轴器过载安全装置中用的拉伸弹簧以及棘轮机构中的棘爪复位拉伸弹簧
	圆柱螺旋扭转弹簧			承受扭转载荷,主要用于压紧和储能以及传动系统中的弹性环节,具有线性特性线,应用广泛,如用于测力计及强制气阀关闭机构
变径螺旋弹簧	圆锥形螺旋弹簧			作用与不等节距螺旋弹簧相似,载荷达到一定程度后,弹簧从大圈到小圈依次逐渐并紧,簧圈开始接触后,特性线为非线性,刚度逐渐增大,自振频率为变值,有利于消除或缓和共振,防共振能力较等节距压缩弹簧强。这种弹簧结构紧凑,稳定性好,多用于承受较大载荷和减振,如应用于重型振动筛的悬挂弹簧及东风型汽车变速器
	蜗卷螺旋弹簧			蜗卷螺旋弹簧和其他弹簧相比较,在相同的空间内可以吸收较大的能量,而且其板间存在的摩擦可用来衰减振动。常用于需要吸收热膨胀变形而又需要阻尼振动的管道系统或与管道系统相连的部件中,例如火力发电厂汽、水管道系统中。其缺点是板间间隙小,淬火困难,也不能进行喷丸处理,此外制造精度也不够高
	扭转弹簧			结构简单,但材料和制造精度要求高。主要用作轿车和小型车辆的悬挂弹簧,内燃机中的气门辅助弹簧,空气弹簧,稳压器的辅助弹簧

续表

类型	名称	简　图	特　性　线	性　能
碟形弹簧	普通碟形弹簧			承载缓冲和减振能力强。采用不同的组合可以得到不同的特性线。可用于压力安全阀,自动转换装置,复位装置,离合器等
	环形弹簧			广泛应用于需要吸收大能量但空间尺寸受到限制的场合,如机车牵引装置弹簧,起重机和大炮的缓冲弹簧,锻锤的减振弹簧,飞机的制动弹簧等
	平面蜗卷弹簧			游丝是小尺寸金属带盘绕而成的平面蜗卷弹簧。可用作测量元件(测量游丝)或压紧元件(接触游丝)
				发条主要用作储能元件。发条工作可靠、维护简单,被广泛应用于计时仪器和时控装置中,如钟表、记录仪器、家用电器等,也可用于机动玩具中作为动力源
	片弹簧			片弹簧是一种矩形截面的金属片,主要用于载荷和变形都不大的场合。可用作检测仪表或自动装置中的敏感元件,如电接触点、棘轮机构棘爪、定位器等,也可用作压紧弹簧及支承或导轨等
	钢板弹簧			钢板弹簧是由多片弹簧钢板叠合而成的。广泛应用于汽车、拖拉机、火车中作悬挂装置,起缓冲和减振作用,也用于各种机械产品中作减振装置,具有较高的刚度
	橡胶弹簧			橡胶弹簧因弹性模量较小,可以得到较大的弹性变形,容易实现所需要的非线性特性。形状不受限制,各个方向的刚度可根据设计要求自由选择。同一橡胶弹簧能同时承受多方向的载荷,因而可使系统的结构简化。橡胶弹簧在机械设备上的应用正在日益扩展

类型	名称	简 图	特 性 线	性 能
	橡胶-金属螺旋复合弹簧	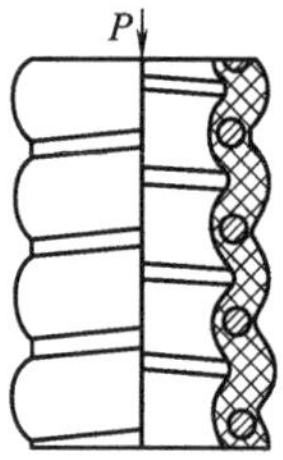	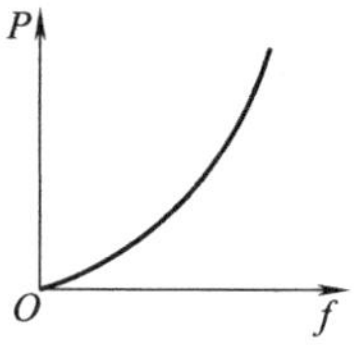	特性线为渐增型。此种橡胶-金属螺旋复合弹簧与橡胶弹簧相比有较好的刚性,与金属弹簧相比有较好的阻尼性。因此,它具有承载能力大、减振性强、耐磨损等优点。适用于矿山机械和重型车辆的悬架结构等
	空气弹簧	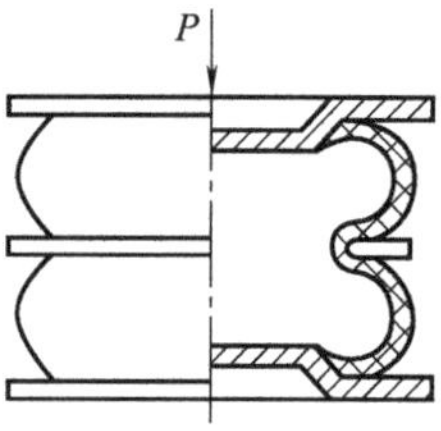	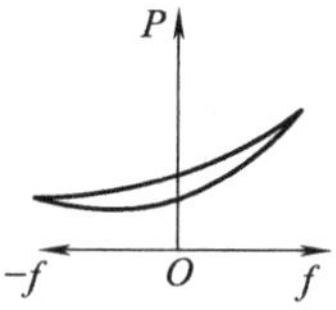	空气弹簧是利用空气的可压缩性实现弹性作用的一种非金属弹簧。用在车辆悬挂装置中可以大大改善车辆的动力性能,从而显著提高其运行舒适度,所以空气弹簧在汽车和火车上得到广泛应用
膜片及膜盒	波纹膜片	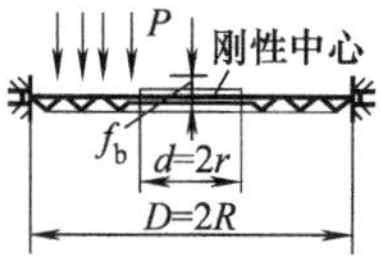	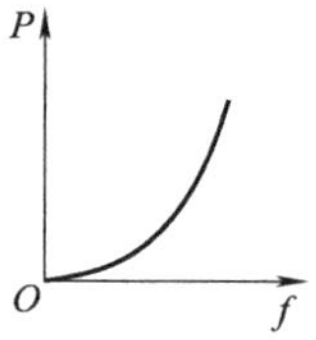	用于测量与压力成非线性的各种量值,如管道中液体或气体的流量,飞机的飞行速度和高度等
	平膜片	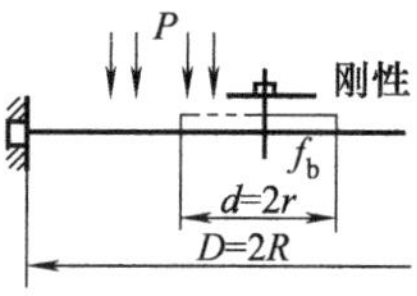	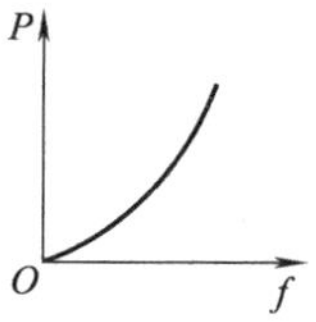	用作仪表的敏感元件,并能起隔离两种不同介质的作用,如因压力或真空产生变形时的柔性密封装置等
	膜盒	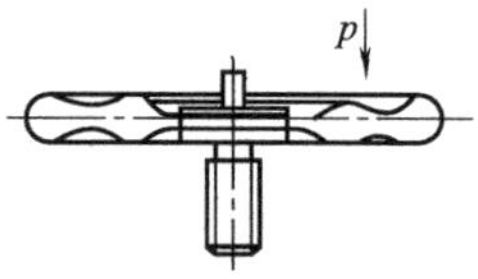	特性线随波纹数密度、深度而变化	为了便于安装,将两个相同的膜片沿周边连接成盒状
	压力弹簧管	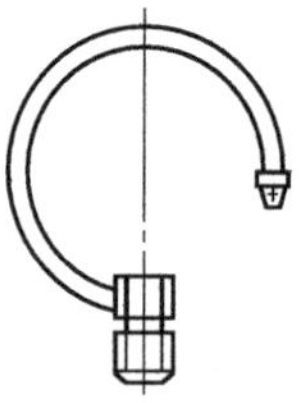	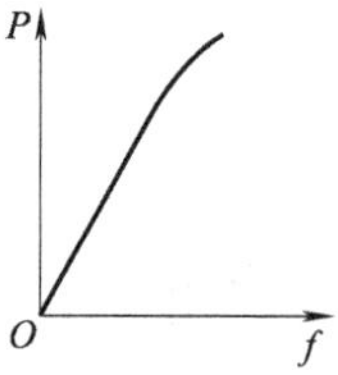	在流体的压力作用下末端产生位移,通过传动机构将位移传递到指针上,用于压力计、温度计、真空计、液位计、流量计等

14.2.2 弹簧类型选择要点

(1) 优先选用圆柱螺旋弹簧

圆柱螺旋弹簧制造方便、性能好,采用变螺距或锥形弹簧可以实现变刚度要求,使用最广泛,是优先选择的类型。

(2) 圆柱螺旋压缩弹簧比拉伸弹簧安全

当压缩弹簧到所有各圈压并时，就不会损坏，有安全作用。如图 14-1 所示，起重机制动器利用压缩弹簧把制动臂和闸瓦拉向制动轮产生压力的结构，就是用压缩弹簧代替了拉伸弹簧。

（3）受重载荷的弹簧可采用碟形弹簧或环形弹簧

碟形和环形弹簧承载能力大，缓冲、减振能力强，适用于重型机械。

（4）按使用条件选择弹簧类型

① 在静态条件下使用的弹簧，如安全阀弹簧、弹簧垫圈、秤盘弹簧、定载荷弹簧和钟表中的游丝。在这种情况下，设计上主要应考虑的是静强度和稳定性问题。

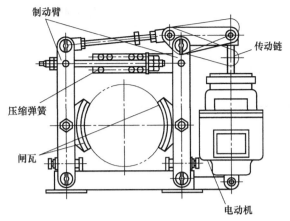

图 14-1 起重机中的压缩弹簧

② 在动态条件下使用的弹簧，如利用其回复性能的阀门弹簧、调速器弹簧等；利用其减少振动的特性的车辆用悬挂弹簧和防振弹簧；利用其吸收能量的特性的联轴器弹簧和电梯的缓冲弹簧等。在这种条件下使用的弹簧主要应考虑弹簧的疲劳强度和共振的问题。

14.3 弹簧参数的选择要点

14.3.1 圆柱螺旋弹簧参数选择

① 弹簧中径 D 系列尺寸如表 14-2 所示。

表 14-2 弹簧中径 D 系列尺寸   mm

0.4	0.5	0.6	0.7	0.8	0.9	1	1.2	1.4	1.6
(1.8)	2	(2.2)	2.5	(2.8)	3	(3.2)	3.5	3.8	4
(4.2)	4.5	(4.8)	5	(5.5)	6	(6.5)	7	7.5	8
(8.5)	9	(9.5)	10	12	(14)	16	(18)	20	(22)
25	(28)	30	(32)	35	(38)	40	(42)	45	(48)
50	(52)	55	(58)	60	(65)	70	(75)	80	(85)
90	(95)	100	(105)	110	(115)	120	125	130	(135)
140	(145)	150	160	(170)	180	(190)	200	(210)	220
(230)	240	(250)	260	(270)	280	(290)	300	320	(340)
360	(380)	400	(450)						

注：表中括弧（）内数值为第二系列，其余为第一系列，应优先采用第一系列。

② 压缩弹簧有效圈数 n 如表 14-3 所示。

表 14-3 压缩弹簧有效圈数 n

2	2.25	2.5	2.75	3	3.25	3.5	3.75	4	4.25	4.5	4.75
5	5.5	6	6.5	7	7.5	8	8.5	9	9.5	10	10.5
11.5	12.5	13.5	14.5	15	16	18	20	22	25	28	30

③ 拉伸弹簧有效圈数 n 如表 14-4 所示。

④ 压缩弹簧自由高度 H_0 尺寸如表 14-5 所示。

表 14-4　拉伸弹簧有效圈数 n

2	3	4	5	6	7	8	9	10	11	12	13
14	15	16	17	18	19	20	22	25	28	30	35
40	45	50	55	60	65	70	80	90	110		

表 14-5　自由高度 H_0　　　　　　　　　　　　　　　　mm

4	5	6	7	8	9	10	11	12	13
14	15	16	17	18	19	20	22	24	26
28	30	32	35	38	40	42	45	48	50
52	55	58	60	65	70	75	80	85	90
95	100	105	110	115	120	130	140	150	160
170	180	190	200	220	240	260	280	300	320
340	360	380	400	420	450	480	500	520	550
580	600	620	650	680	700	720	750	780	800
850	900	950	1000						

14.3.2　游丝参数的选择

（1）游丝圈数 n

通常游丝的内端是随轴一起旋转的，外端是固定不动的。因此，游丝内端的转角与转轴转角相同。由于游丝外端固定方法的不完善，使游丝在扭转后各圈间产生偏心现象。游丝转角较大时其圈数应相应增多。游丝圈数推荐数值如表 14-6 所示。

表 14-6　游丝宽厚比和圈数

使　用　条　件	b/h	n 圈
电表测量游丝（工作角约 90°）	8～15	5～10
机械表接触游丝（工作角约 300°以上）	4～8	10～14
手表振荡条件下使用的游丝	3.5	14 左右

（2）游丝宽厚比 b/h

游丝宽厚比 b/h 的加大会使游丝的截面面积增大，材料内部的应力值将减小，游丝的弹性滞后和后效也随之减小。宽厚比的取值见表 14-6。

（3）游丝长厚比 L/h

在转角相同的情况下，L/h 值越大则应力越小。几种常用材料测量游丝的长宽比列于表 14-7，接触游丝按表中数据的 1/4～1/3 选取。

表 14-7　测量游丝长厚比

材　　料	QSn4-3	Ni42CrTi	QBe2
L/h	＞2500	＞2000	＞1500

（4）螺距系数 S

一般取 $S \geqslant 3$，否则容易出现碰圈现象。

14.3.3　环形弹簧设计参数选取

① 圆锥面斜角。当圆锥面斜角 β 选取较小时，弹簧刚度较小，若 $\beta < \rho$（ρ 为摩擦角），则在卸载时将产生自锁，即不能回弹。若 β 角选取过大，则弹性变形恢复时的载荷 P_R 较大，使环形弹簧缓冲吸振能力降低。设计时，可取 $\beta = 12° \sim 14°$，圆锥面加工精度较高时，

可取 $\beta=12°$；加工精度一般时，常取 $\beta=14.04°$；润滑条件较差，摩擦系数较大时，β 应取得大一些，以免发生自锁。

② 摩擦角 ρ 和摩擦系数 μ，可采用下列数值：

a. 接触面未经精加工并承受重载荷时，$\rho\approx9°$，$\mu\approx0.16$。

b. 接触面经精加工并承受重载荷时，$\rho\approx8°30'$，$\mu\approx0.15$。

c. 接触面经精加工并承受轻载荷时，$\rho\approx7°$，$\mu\approx0.12$。

不过，以上各数值都只适用于润滑良好的条件下。当因热处理等原因圆环有变形时，μ 的数值将更小。

14.4 圆柱螺旋弹簧的结构设计要点

14.4.1 圆柱螺旋压缩弹簧的结构设计要点

(1) 圆柱螺旋压缩弹簧的特点和用途

圆柱螺旋压缩弹簧是各种弹簧中应用最为广泛的一种。其主要特点是：易于制造、结构紧凑、吸收能量的效率高、无摩擦。圆柱螺旋压缩弹簧用途甚为广泛，例如机车用悬挂弹簧、汽车用悬挂弹簧、内燃机阀门弹簧、安全阀弹簧、调速器弹簧等都是采用这种形式的弹簧。

图 14-2 所示为圆柱螺旋压缩弹簧的圆截面，图中 d 为簧丝直径，D_2 为弹簧外径，D 为弹簧中径，D_1 为弹簧内径，p 为弹簧节距，α 为螺旋升角，δ 为圈间距，H_0 为弹簧自由高度。

(2) 圆柱螺旋压缩弹簧结构设计要点

① 圆柱螺旋压缩弹簧受最大工作载荷时簧丝之间应有间隙 随着弹簧受力不断增加，螺旋压缩弹簧的弹簧丝逐渐靠近。在达到工作载荷时，各弹簧丝之间必须留有间隙，以保证此时弹簧仍有弹性，如图 14-3 (b) 所示。否则，在最大载荷下，弹簧各丝并拢，就会失去弹性，无法工作，如图 14-3 (a) 所示。

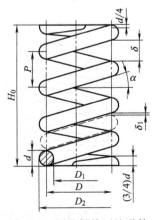

图 14-2 圆柱螺旋压缩弹簧

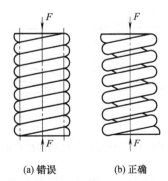

(a) 错误　　　(b) 正确

图 14-3 圆柱螺旋压缩弹簧最大载荷状态

② 压缩弹簧必须满足不失稳条件 当压缩弹簧的圈数较多、高径比较大时，还应满足稳定性指标，以免工作时造成弹簧的侧向弯曲（失稳），如图 14-4 (a) 所示。用高径比

$H_0/D \leqslant b$ 来表征弹簧的稳定性。弹簧不失稳的极限高径比与弹簧两端支承情况有关。为了保证弹簧不失稳，一般应满足下列条件：当弹簧两端均为回转端时，如图 14-4（b）所示，$b \leqslant 2.6$；当弹簧两端均为固定端时，如图 14-4（c）所示，$b \leqslant 5.3$；当弹簧两端为一端固定、一端回转时，$b \leqslant 3.7$。如果不满足上述条件，应在弹簧内侧加导向杆［图 14-4（d）］，或在弹簧外侧加导向套［图 14-4（e）］。

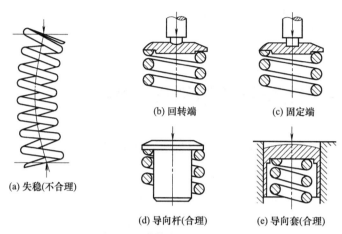

图 14-4　弹簧失稳及导向结构

③ 压缩弹簧受变载荷的重要场合应采用并紧磨平端　压缩弹簧两端各有 $0.75 \sim 1.25$ 圈与弹簧座相接触的支承圈，俗称死圈。死圈不参加弹簧变形，其端面应垂直于弹簧轴线。在受变载荷的重要场合中，如弹簧端部死圈不磨平，则附加动载荷较大，此时应采用并紧磨平端，如图 14-5 所示。死圈的磨平长度应不小于一圈弹簧圆周长度的 $1/4$，末端厚度应约为 $0.25d$（d 为弹簧丝直径）。

④ 组合弹簧的使用　圆柱螺旋弹簧受力较大而空间受到限制时，可以采用组合螺旋弹簧，使小弹簧装在大弹簧里面，可制成双层甚至三层的结构，为避免弹簧丝的互相嵌入，内外弹簧旋向不应相同，而应相反，如图 14-6 所示。内外弹簧的强度要接近相等，内、外弹簧的变形量应接近相等，弹簧端部的支承面结构应能防止内、外弹簧在工作中的偏移。

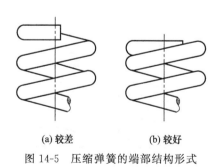

图 14-5　压缩弹簧的端部结构形式

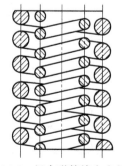

图 14-6　组合弹簧旋向应相反

⑤ 防止颤振　当弹簧的频率与外力振动频率相同时，会产生称为颤振的共振现象。在柴油发电机隔振系统中，如果隔振弹簧过软，会使得机座横向振摆，振动失稳，致使柴油机组无法正常工作。如图 14-7 所示，通过适当降低一次隔振弹簧的高度或改用其他类型弹簧，改变二次隔振弹簧的跨距，增加一、二次隔振弹簧的刚度，使摇摆振动频率远离排气频率，

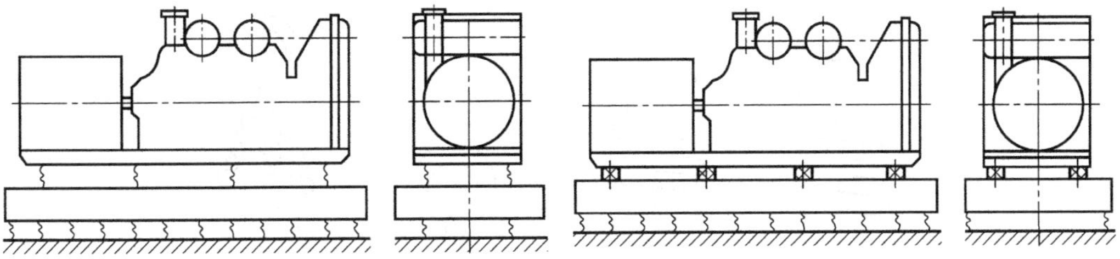

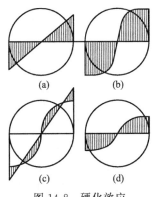

(a) 不合理   (b) 合理

图 14-7 柴油发电机隔振系统弹簧设计

可大大提高系统的稳定性。

⑥ 压缩弹簧使用过程中应考虑硬化效应　弹簧指数 C 大的螺旋压缩弹簧，在低载荷作用下，当应力未达到弹性极限时，其应力分布如图 14-8（a）所示，大致是一直线。而当受到载荷作用而使应力超过材料的弹性极限时，其应力分布如图 14-8（b）所示是曲线。载荷去除后，其残余应力分布如图 14-8（c）所示。图 14-8（d）所示为当弹簧再度加载时，载荷应力和残余应力的合成应力分布情况。由图 14-8 可知，由于冷作硬化使应力减小，但硬化应力过大时会减小疲劳极限，因此过分压缩是不被允许的。

图 14-8 硬化效应

⑦ 弹簧应有必要的调整装置　对于要求弹簧的力或变形数值比较精确的弹簧，只靠控制弹簧尺寸往往难以达到要求。例如螺旋拉压弹簧，其变形量 λ 可由下式计算：

$$\lambda = \frac{8FD^3 n}{Gd^4}$$

式中，F 为弹簧载荷；D 为弹簧中径；n 为弹簧有效圈数；G 为弹簧材料的切变模量；d 为弹簧截面直径。

由以上公式可以看出 D、d 的较小误差会引起变形 λ 较大的变化。为了避免产生较大的误差，须设置必要的调整装置。

14.4.2　圆柱螺旋拉伸弹簧的结构设计要点

（1）圆柱螺旋拉伸弹簧的特点和用途

在螺旋弹簧中，仅次于压缩螺旋弹簧而广为使用的是圆柱螺旋拉伸弹簧。它可用于各种机械，但是在实际结构设计中，还是优先考虑使用圆柱螺旋压缩弹簧的结构，例如吊架、内燃机的进气阀和排气阀等就不使用圆柱螺旋拉伸弹簧。

图 14-9 所示为圆柱螺旋拉伸弹簧。圆柱螺旋拉伸弹簧空载时，各圈应相互并紧，没有间隙。其有关几何参数可参见圆柱螺旋压缩弹簧。

（2）圆柱螺旋拉伸弹簧的结构设计要点

① 端部形状　圆柱螺旋拉伸弹簧的端部，依使用条件不同而有多种结构形式。有的是将弹簧的一部分做成要求的钩状，有的是安装上特制的配件形成接头。在各种钩环形状中，选用过于复杂的钩环形状在成形时常会使材质产生缺陷，因而如无特殊需要，应尽量

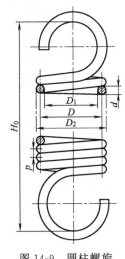

图 14-9　圆柱螺旋
拉伸弹簧

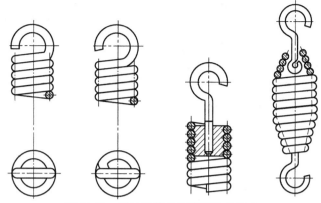

图 14-10　圆柱螺旋拉伸弹簧挂钩形式

选用简单的钩环形状。图 14-10 所示为圆柱螺旋拉伸弹簧挂钩的常用形式。

② 圆柱螺旋拉伸弹簧应有保护装置　拉伸弹簧不同于压缩弹簧，它没有自己的保护装置，因此圆柱螺旋拉伸弹簧应有防护罩或外壳等安全保护装置，防止一旦弹簧被拉断或脱钩，弹簧飞出伤人。

③ 有初应力拉伸弹簧比无初应力拉伸弹簧安装空间小　有初应力拉伸弹簧通过特殊的卷绕方法，使簧丝截面产生初应力，这种初应力使簧圈并紧，因此簧圈之间产生了圈间压力。只有当外力大于圈间压力时，弹簧才开始变形。而无初应力拉伸弹簧则没有这一特点。图 14-11 所示的弹簧 1 和弹簧 2 分别为无初应力和有初应力弹簧，如要求两弹簧产生相同的拉力 F，且两弹簧工作行程 λ_g 和刚度相同，则由图可见，有初应力弹簧的安装空间明显比无初应力弹簧小。

④ 自动上料装配弹簧应避免互相缠绕　有些弹簧在机械上自动装配，用自动上料装置送到装配工位，这种弹簧设计时应避免有钩、凹槽，以免在供料时互相接触而嵌入缠绕。弹簧应采用封闭端结构，如图 14-12 所示，将拉伸弹簧端部的钩改为环状。

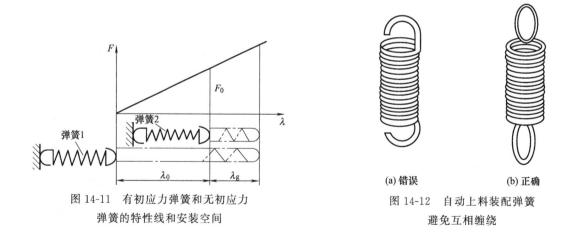

图 14-11　有初应力弹簧和无初应力
弹簧的特性线和安装空间

(a) 错误　　(b) 正确

图 14-12　自动上料装配弹簧
避免互相缠绕

14.4.3　圆柱螺旋扭转弹簧的结构设计要点

（1）圆柱螺旋扭转弹簧的特点及用途

圆柱螺旋扭转弹簧是承受绕弹簧轴线的扭矩作用的螺旋弹簧，如图 14-13 所示。它和压

图 14-13 扭转螺旋弹簧

缩、拉伸弹簧不同，在载荷（扭矩）作用下，所产生的主要是弯曲应力。这种弹簧一般尺寸较小，多用于日用品和家用电器方面。

（2）圆柱螺旋扭转弹簧的结构设计要点

① 端部形状 圆柱螺旋扭转弹簧端部的形状，因安装方法和空间位置的不同而有多种形式。图 14-14 所示为几种常见的杆臂式挂钩结构。扭转弹簧的端部和拉伸弹簧的钩环一样，不应设计得过于复杂，因为急剧的弯曲加工将产生应力集中。

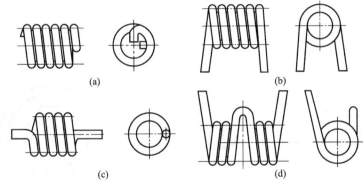

图 14-14 杆臂式挂钩结构

② 旋绕比 C 不宜太大或太小 旋绕比 $C=D/d$，D 为弹簧中径，d 为弹簧丝直径，推荐 $C=4\sim16$。C 太小会导致缠绕困难，材料弯曲变形严重、易断裂；C 太大则弹簧形状不稳定，弹簧圈容易松开，弹簧直径难以控制。

③ 圆柱扭转螺旋弹簧的圈数应大于 3 圈 如果圆柱扭转螺旋弹簧的圈数小于 3 圈，就容易受末端的影响，使弹簧在承载时簧圈各部分作用着不等的弯矩，降低弹簧强度和寿命。

④ 圆柱螺旋扭转弹簧的加力方向应使弹簧所受横向力小 图 14-15 所示弹簧两端加力方向相反，弹簧受的横向力是 P_1、P_2 之差，使弹簧受横向力小，因而此种结构设计较好。

⑤ 注意圆柱螺旋扭转弹簧的扭转方向和应力的关系 一般来说弹簧承受压缩应力较承受拉伸应力安全，较不易损坏，所以在实际设计弹簧时，使最大应力产生于压缩侧，并顺着弹簧的卷绕方向加载是有利的，应避免加错方向，如图 14-16 所示。

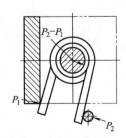

图 14-15 扭转弹簧的加力方向

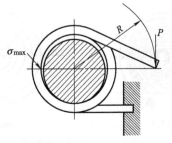

图 14-16 扭转弹簧的扭转方向和应力的关系

⑥ 弹簧应避免应力集中　弹簧多由高屈服强度的材料制造、含碳量较高并经过热处理以提高其屈服强度。因此，弹簧材料对应力集中敏感，加上弹簧多在变载荷下工作，会因为应力集中引起疲劳失效。所以，弹簧应避免剧烈的弯折、太小的圆角等。

14.5　其他弹簧结构设计要点

14.5.1　平面蜗卷弹簧（游丝）结构设计要点

（1）游丝的特点和用途

游丝在精密机械中用得很多，常见的有测量游丝和接触游丝。

游丝的外端固定常采用可拆连接，例如锥销楔紧，如图 14-17（a）所示，以便调节游丝的长度，获得给定的特性。

游丝的内端固定常用冲榫的方法铆在游丝上，如图 14-17（b）所示。

在电工测量仪表中，游丝除了用作测量元件外，常常又是导电元件，为了减少连接处电阻，端部固定常用钎焊的方法，如图 14-17（c）所示。

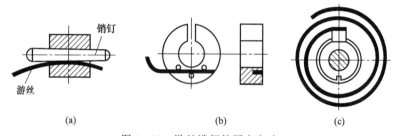

(a)　　　　　　　　(b)　　　　　　　　(c)

图 14-17　游丝端部的固定方法

（2）游丝结构设计要点

① 避免游丝扭转后偏心　理论分析和试验指出：由于游丝外圈固定方法不完善，使游丝扭转后，各圈之间产生偏心现象，这种偏心现象随着游丝每一圈转角的增大而增大，这对游丝正常工作是不利的。所以游丝转角较大时，其圈数也应增多，使每圈的转角减小。图 14-18（b）所示是较为理想的工作状态。

② 用于消除空回的游丝必须安装在传动链的最后一环　图 14-19 所示为常见的百分表

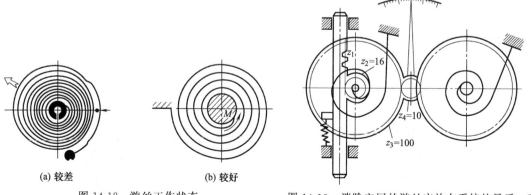

(a) 较差　　　　　　　(b) 较好

图 14-18　游丝工作状态

图 14-19　消除空回的游丝应放在系统的最后一环

结构，其中游丝的作用是产生反力矩，迫使各级齿轮在传动时总在固定齿面啮合，从而消除了侧隙对空回的影响。

结构设计时注意，游丝必须安装在传动链的最后一环，才能把传动链中所有的齿轮都保持单面压紧，不致出现测量物理量变化而指示值不变的情况。在图 14-19 所示的结构中，游丝必须安装在大齿轮的轴上，这样可消除整个传动系统的空回误差。

③ 游丝的外径受相邻零件外径的限制　设计游丝的外径时应考虑其受相邻零件外径的限制。游丝的外径一般不大于与其同轴的齿轮或其它盘状零件的外径，以避免游丝碰圈，并使结构紧凑。图 14-20 所示为钟表机构震荡系统的游丝。

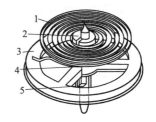

图 14-20　游丝外径不应大于同轴零件外径
1—游丝；2—游丝座；3—摆轮；
4—摆轮轴；5—小圆盘

14.5.2　片弹簧结构设计要点

（1）片弹簧的特点及用途

片弹簧因用途不同而有各种形状和结构。按外形可分为直片弹簧和弯片弹簧两类，按板片的形状则可以分为长方形、梯形、三角形和阶段形等。

片弹簧的特点是，只在一个方向——最小刚度平面上容易弯曲，而在另一个方向上则有大的拉伸刚度和弯曲刚度。因此，片弹簧很适合做检测仪表或自动装置中的敏感元件、弹性支承、定位装置、挠性连接等，如图 14-21 所示。由片弹簧制作的弹性支承和定位装置，实际上没有摩擦和间隙，不需要经常润滑，同时比刃形支承具有更大的可靠性。

片弹簧广泛用于电力接触装置中，如图 14-21 所示，而用得最多的是形状最简单的直悬臂式片弹簧。接触片的电阻必须小，因此用青铜制造。

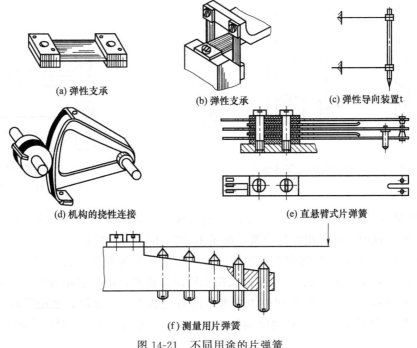

(a) 弹性支承　　(b) 弹性支承　　(c) 弹性导向装置t

(d) 机构的挠性连接　　(e) 直悬臂式片弹簧

(f) 测量用片弹簧

图 14-21　不同用途的片弹簧

测量用片弹簧的作用是转变力或者位移。如果固定结构和承载方式能保证弹簧的工作长度不变，则片弹簧的刚度在小变形范围内是恒定的，必要时也可以得到非线性特性，例如将弹簧压落在限位板或调整螺钉上，改变其工作长度即可，如图 14-21（f）所示。

片弹簧主要用于弹簧工作行程和作用力均不大的情况下，图 14-22（a）所示是片弹簧的典型结构，它用于继电器中的电接触点。当安放片弹簧的结构空间较小，而又必须增大片弹簧的工作长度时，可采用弯片弹簧，如图 14-22（b）、（c）所示。图 14-22（b）所示是棘轮、棘爪的防反转装置，图 14-22（c）所示是用于转轴转动 90°的定位器。

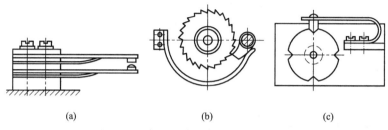

(a)　　　　　　　　(b)　　　　　　　　(c)

图 14-22　弯片弹簧比直片弹簧节省长度

（2）片弹簧结构设计要点

① 片弹簧固定防转结构设计　图 14-23 所示是最常用的螺钉固定片弹簧结构，为使片弹簧固定可靠，不能只采用一个螺钉固定，而必须采用两个螺钉固定，如图 14-23（a）所示，目的是为了防止片弹簧转动。如果由于位置关系，只有一个螺钉固定片弹簧时，为防止片弹簧转动，可采用如图 14-23（b）或图 14-23（c）所示的结构。

② 减小应力集中　当片弹簧固定部分宽于工作部分时，两部分不宜采用直角衔接，而应采用光滑圆角过渡，以减小应力集中，如图 14-24 所示。

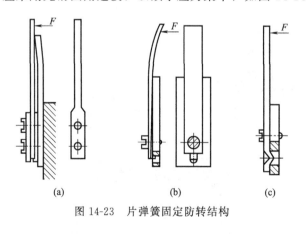

(a)　　　　　　　　(b)　　　　　　　　(c)

图 14-23　片弹簧固定防转结构

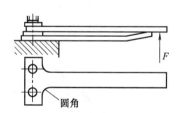

图 14-24　片弹簧固定部分与
工作部分应设圆角过渡

③ 弯片弹簧比直片弹簧节省安装空间　当安放片弹簧的结构空间较小，而又必须增大片弹簧的工作长度时，可采用弯片弹簧，如图 14-22（b）、（c）所示。

④ 振动条件下宜采用有初应力片弹簧　直片弹簧可分为有初应力 [图 14-25（a）]，和无初应力 [图 14-25（b）] 两种。受单向载荷作用的片弹簧，通常采用有初应力片弹簧。如图 14-25（a）所示，位置 1 为有初应力片弹簧的自由状态，安装时，在刚性较大的支片 A 作用下，受作用力 F_1，产生了初挠度而处于位置 2。当外力小于 F_1 时，片弹簧不再变形，

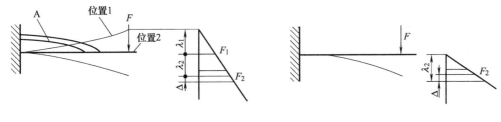

(a) 有初应力片弹簧　　　　　　　　(b) 无初应力片弹簧

图 14-25　有初应力片弹簧和无初应力片弹簧的特性比较

只有当外力大于 F_1 时，片弹簧才与支片 A 分离而变形，所以有初应力片弹簧在振动条件下仍能可靠工作（当惯性力不大于 F_1 时），而无初应力片弹簧在振动条件下位置误差比较大，即振动条件下宜采用有初应力片弹簧。

　　⑤ 有初应力片弹簧对安装误差不敏感　由图 14-25 还可以看出，在同样工作要求下，即在载荷 F_2 作用下，两种片弹簧从安装位置产生相同的挠度 λ_2，有初应力片弹簧安装时已有初挠度 λ_1，所以在载荷 F_2 的作用下，总挠度 $\lambda = \lambda_1 + \lambda_2$，因此片弹簧弹性特性线具有较小的斜率。如因制造、装配引起片弹簧位置的误差相同时（例如等于 $\pm\Delta$），则有初应力片弹簧中所产生的力的变化将比无初应力片弹簧小，即有初应力片弹簧对安装误差不敏感，精度要求高时宜采用有初应力片弹簧。工作中两者力的变化对比见表 14-8。

表 14-8　有初应力与无初应力片弹簧工作中的受力变化对比

项目	安装时受力	工作载荷	工作中力的变化	工作变形	对安装误差 Δ 的敏感性	结论
有初应力	F_1	F_2	$F_2 - F_1$(小)	λ_2	不敏感	较好
无初应力	0	F_2	F_2(大)	λ_2	敏感	较差

　　⑥ 表层应变相同的变截面片弹簧　直片弹簧按其截面形状，可分为等截面和变截面两种。变截面片弹簧的截面，沿其长度方向是变化的，如图 14-26 所示。工程力学中已证明，在载荷的作用下，沿长度方向，图 14-26（a）、（b）所示变截面片弹簧表层各处应变相同；所以常在其上粘贴应变丝，用来进行力和力矩的测量，图 14-26（c）所示是其具体应用。

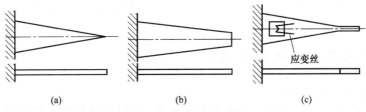

图 14-26　表层应变相同的变截面片弹簧

14.5.3　环形弹簧结构设计要点

（1）环形弹簧特点及用途

　　环形弹簧是由两个或多个具有配合圆锥面的内环和外环，如图 14-27 所示那样交互组合叠积构成的。当弹簧承受轴向压缩载荷 P 后，各圆环沿圆锥面相对滑动产生轴向变形而引起弹簧作用时，内环压缩、外环扩张，内、外环大致产生均等的圆周方向应力，不过内环为压缩应力而外环为拉伸应力。环形弹簧用于空间尺寸受限制而又须吸收大量的能量以及需要强力缓冲的场合。

（2）环形弹簧设计要点

① 环形弹簧应考虑其复位问题。环形弹簧靠内环的收缩和外环的膨胀产生变形，而锥面因相对滑动产生轴向变形。这种弹簧摩擦很大，摩擦所消耗的功可占加载所做功的60%～70%。因此，这种结构的弹簧一般不易复位，如图14-28（a）所示；可考虑设置另一圆柱螺旋压缩弹簧以帮助其复位，如图14-28（b）所示。

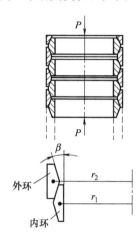

图 14-27　环形弹簧的截面形状

r_1—内环截面重心的半径；r_2—外环截面重心的半径；β—摩擦面的倾斜角

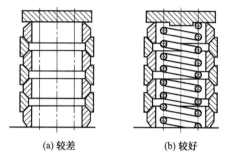

(a) 较差　　　　　(b) 较好

图 14-28　环形弹簧的复位结构

② 圆环的高度应取为外环外径的16%～20%。其数值若取得过小，则接触面的导向不足；若取得过大，则环的厚度相对较薄，制造困难。

③ 环的直径增大，易于产生要求的变形，在安装空间允许的范围内，直径宜取大值。

④ 环形弹簧的总高度大时，n增多，易于产生要求的变形。

⑤ 内环之间或外环之间在自由状态下的间隙可为环高度的25%，即环形弹簧在全压缩时的高度至少为变形量的4倍以上。

⑥ 由于材料的拉伸疲劳强度较压缩疲劳强度低，应该将外环的厚度设计的比内环的厚度大些。

14.5.4　碟形弹簧结构设计要点

（1）碟形弹簧特点及用途

碟形弹簧是由钢板冲压形成的碟状垫圈式弹簧，普通式碟形弹簧如图14-29所示，其截面为圆锥形，在承受轴向载荷后，截面的锥底角减小，弹簧产生轴向变形。

蝶形弹簧的特点是：

① 刚度大，缓冲吸振能力强，能以小变形承受大载荷，适用于轴向空间要求小的场合。

② 具有变刚度特性，可通过适当选择碟形弹簧的压平时变形量h_0和厚度t之比，得到不同的特性曲线。其特性曲线可以呈直线、渐增型、渐减型或是它们的组合，这种弹簧具有范围很广的非线性特性。

③ 用同样的碟形弹簧采用不同的组合方式，可使弹簧特性在很大范围内变化。可采用对合、叠合的组合方式，也可采用复合不同厚度、不同片数等的组合方式。

当叠合时，相对于同一变形，弹簧数越多则载荷越大；当对合时，对于同一载荷，弹簧数越多则变形越大。

碟形弹簧在机械产品中的应用越来越广，在很大范围内，碟形弹簧正在取代圆柱螺旋弹簧，常用于重型机械（如压力机）和大炮、飞机等武器中作为强力缓冲和减振弹簧，用作汽车和拖拉机离合器及安全阀或减压阀等的压紧弹簧，以及用作机器的储能元件，将机械能转换为变形能储存起来。

但是，碟形弹簧的高度和板厚在制造中如出现即使不大的误差，其特性也会有较大的误差。因此这种弹簧需要由较高的制造精度来保证载荷偏差在允许范围内，和其他弹簧相比，这是它的缺点。

（2）碟形弹簧结构设计要点

① 形状、尺寸　碟形弹簧的外径尺寸应在安装空间所允许的限度内尽量选取较大值，至于内外径之比 D/d 的取值范围，如仅考虑弹簧的效率问题，应选取 $D/d=1.8\sim2.2$，但由于受规定空间的限制，也可取值于上述范围之外的数值。如果 D/d 的数值过小，将难以制造，一般应使其值大于 1.25，而上限值实际上取小于 3.5。有关尺寸见图 14-29。

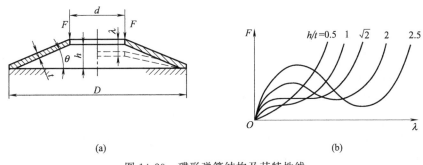

图 14-29　碟形弹簧结构及其特性线

② 弹簧特性　碟形弹簧可借助于改变 h/t 的值得到各种各样的特性（h 为节圆锥高，t 为碟片厚度）。当将其用作垫片和缓冲弹簧时，$h/t=0.5\sim1.25$；当用作离合器弹簧时，$h/t=1.25\sim2.25$；当用作安全阀弹簧时，可取 $h/t>3.0$。

由于板厚对于碟形弹簧特性的影响是 4 次方的关系，而 h/t 对弹簧的特性也有很大影响，所以严格说来应对变形的全域都规定载荷的允许偏差，但这样的要求将增加制造难度，所以当对变形的全域都规定载荷允许偏差时，至少要允许 20% 的偏差。一般是对指定高度下的载荷或指定载荷下的高度规定公差，但也可按需要同时指定这两方面的制造上允许的偏差范围。当指定考核一点的载荷，且使用的是市场商品材料时，最小公差值可取为 ±7%。

③ 蝶形弹簧最大变形量 λ_{max}　考虑弹簧强度要求，碟形弹簧的最大变形 λ_{max} 不应超过节圆锥高 h 的 80%。

④ 防止碟片变形量过大　如图 14-30（a）、（b）所示的组合碟形弹簧，碟片厚度不同或叠合的片数不同。受力较大时，厚度较小或片数较少的碟片会被压平而使应力过大。可采取一些结构上的措施，例如在碟片之间加一衬环，来保证这些碟片的最大变形在规定范围之内，如图 14-30（c）所示。

⑤ 多片碟簧叠合使用时，应有导向定位装置　当碟簧受变载荷作用时，载荷多次循环变化时其中心将发生径向位移。为避免径向位移，可在孔中装钢制导向杆。导向杆表面须经渗碳淬火，渗碳厚度达 0.8mm，硬度高于碟簧，达 55HRC 以上，表面粗糙度不超过 $Ra2.5\mu m$。

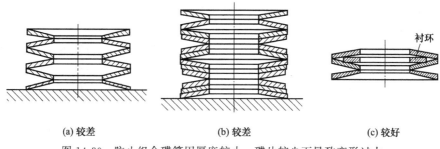

(a) 较差   (b) 较差   (c) 较好

图 14-30 防止组合碟簧因厚度较小、碟片较少而导致变形过大

⑥ 碟簧叠合片数不可超过 3 片 承受变载荷的碟形弹簧如果片数过多，则各片之间的摩擦会产生大量的热，如叠合片数达到 4 片时，作用给弹簧的能量有 20% 将转化为热量。因此，碟簧叠合片数不可超过 3 片。

14.5.5 橡胶弹簧结构设计要点

（1）橡胶弹簧的特点及用途

橡胶弹簧是利用橡胶的弹性变形实现弹簧作用的，由于它具有以下优点，所以在机械工程中应用日益广泛。

① 形状不受限制。各个方向的刚度可以根据设计要求自由选择，改变弹簧的结构形状可达到不同大小的刚度要求。

② 弹性模数远比金属小。可得到较大的弹性变形，容易实现理想的非线性特性。

③ 具有较大的阻尼。对于突然冲击和高频振动的吸收以及隔音具有良好的效果。

④ 橡胶弹簧能同时承受多方向载荷。对简化车辆悬挂系统的结构具有限制优点。

⑤ 安装和拆卸方便。不需要润滑，有利于维修和保养。

橡胶弹簧的缺点是耐高低温和耐油性能比金属弹簧差。但随着橡胶工业的发展，这一缺点会逐步得到改善。

工业中用的橡胶弹簧，由于不是纯弹性体，而是属于黏弹性材料，其力学特性比较复杂，所以要精确计算其弹性特性相当困难。

（2）橡胶弹簧的结构设计要点

① 橡胶弹簧能承受多方向的载荷，有利于简化结构 与其他弹簧相比，橡胶弹簧能承受多方向的载荷，这种特点有利于悬挂系统结构的简化。此外，橡胶弹簧可以做成需要的形状以适应不同方向的刚度要求。橡胶弹簧根据承受载荷的形式可设计成如图 14-31 所示的结构，分别为压缩弹簧、剪切弹簧（平板式和圆筒式）、扭转弹簧。

② 橡胶弹簧应给予充分的空间 橡胶是可压缩物质，受载后能改变其形状，但不能改

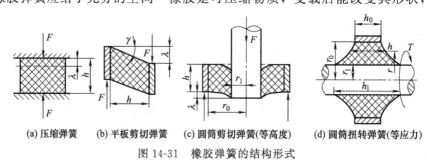

(a) 压缩弹簧   (b) 平板剪切弹簧   (c) 圆筒剪切弹簧(等高度)   (d) 圆筒扭转弹簧(等应力)

图 14-31 橡胶弹簧的结构形式

变其体积，设计时一定要避免将橡胶弹簧封闭在一限定空间内，见图 14-32（a）；应给以橡胶自由变形的充分空间，见图 14-32（b）。

③ **防止橡胶弹簧产生接触应力和磨损**　橡胶弹簧在变形过程中，其横截面不应与其他结构零件接触，以避免产生接触应力和磨损。图 14-33（a）所示为不适当的设计；图 14-33（b）所示为较好的设计。

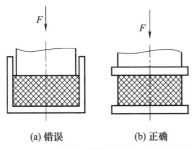

(a) 错误　　　(b) 正确

图 14-32　橡胶弹簧应有充足的空间

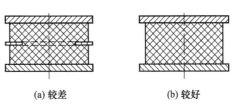

(a) 较差　　　(b) 较好

图 14-33　防止出现接触应力和磨损的结构

④ **防止形成应力集中源**　为防止形成应力集中源，橡胶弹簧金属配件表面不应有锐角、凸起、沟和孔，并应使橡胶元件的变形尽量均匀。图 14-34（a）所示为不适当的设计；图 14-34（b）所示为较好的设计。

⑤ **带有金属配件的橡胶弹簧与金属的结合必须牢固**　带有金属配件的橡胶弹簧，其寿命主要取决于橡胶与金属结合的牢固程度，故在结合前，金属配件表面的锈蚀、油污和灰尘等必须消除干净。胶黏剂的涂布和干燥必须按规定的工艺要求，在规定的温度和环境下进行。

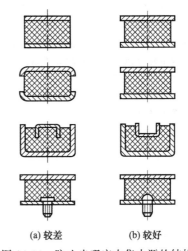

(a) 较差　　　(b) 较好

图 14-34　防止出现应力集中源的结构

参 考 文 献

[1]　成大先主编. 机械设计手册. 第 5 版. 北京：化学工业出版社，2010.
[2]　吴宗泽主编. 机械设计禁忌 1000 例. 第 3 版. 北京：机械工业出版社，2012.
[3]　濮良贵等主编. 机械设计. 第 9 版. 北京：高等教育出版社，2013.
[4]　于惠力等编著. 轴系零部件设计实例精解. 北京：机械工业出版社．2010.
[5]　于惠力等主编. 机械零部件设计禁忌. 北京：机械工业出版社．2007.
[6]　潘承怡等主编. 机械结构设计技巧与禁忌. 北京：化学工业出版社，2013.
[7]　孙开元等主编. 常用机械机构结构设计与禁忌图例. 北京：化学工业出版社，2014.
[8]　冯仁余等主编. 机械常用机构设计与禁忌. 北京：化学工业出版社，2014.
[9]　国家质量监督检验检疫总局发布. 国家标准《机械制图》. 北京：中国标准出版社，2004.
[10]　机械设计手册编委会. 机械设计手册：第 1 卷. 北京：机械工业出版社，2007.
[11]　机械设计手册编委会. 机械设计手册：第 2 卷. 北京：机械工业出版社，2007.
[12]　机械设计手册编委会. 机械设计手册：第 3 卷. 北京：机械工业出版社，2007.
[13]　邱宣怀等主编. 机械设计. 第 4 版. 北京：高等教育出版社，2003.
[14]　吕庸厚等主编. 组合机构设计与应用创新. 北京：机械工业出版社，2008.
[15]　于影等主编. 轮系的分析与设计. 北京：哈尔滨工程大学出版社，2007.
[16]　[日] 小栗富士雄，小栗达南主编. 机械设计禁忌手册. 北京：机械工业出版社，2004.
[17]　朱孝录主编. 机械传动手册. 北京：电子工业出版社，2007.
[18]　袁剑雄等主编. 机械结构设计禁忌. 北京：机械工业出版社，2008.
[19]　李华敏等主编. 齿轮机构设计与应用. 北京：机械工业出版社，2007.
[20]　陈荣林等主编. 新编机械设计与制造禁忌手册. 北京：科学技术文献出版社，1994.
[21]　杨可桢等主编. 机械设计基础. 第 6 版. 北京：高等教育出版社，2013.
[22]　黄平主编. 常见机械零件及机构图册. 北京：化学工业出版社，1999.